JN190118

新装版

犬にいいもの わるいもの

臼杵新 監修
ウスキ動物病院院長
造事務所 編著

本書では、原材料や素材、形状などを見て、商品を◎○△×で評価しています。その評価の基準について紹介します。

○に相当し、獣医師から見ても問題がなく、とくにおすすめできる。

安全性の疑われる添加物や物質が少ない。
栄養面で、悪影響の可能性が低い。
犬にとって、メリットのほうが多い。
主食でない一般食でも、かなり成分が吟味されている。

安全性の疑われる添加物や物質が使われている。

比較的安全ではあるが添加剤が複数入っており、製品設計の段階で配合主原料にもあまり志の高さが感じられない。

主食として与え続けると､栄養が偏る一般食など。

栄養面で、悪影響を及ぼす可能性がある。

犬にとって、メリットより危険性のほうが高い。

安全性の疑われる添加物や物質が使われている。
具体的に何が含まれているのかわからない原材料がある。
見るからに安い原料を使っている。
誤食など、犬にとって危険性が高い。

※その商品が総合栄養食か一般食かなどで、評価が多少変わります。主食であり、食べる頻度が高い総合栄養食については、安全性の疑われる添加物について厳しく判定しています。
※缶に入ったウエットフードでも、缶のサイズが大きく食事のなかで占める割合が大きいフードは、それ自体が主食になりうるので、添加物などについて、本来の主食である総合栄養食と同じ判断をしている場合があります。
※工場の管理体制などを考慮すると、消費者目線では日本製と中国製・韓国製では明らかに安心度に差があるため、中国製・韓国製の商品に関してはマイナス評価とさせていただいています。

※ PART 1とPART 2の評価は、商品に掲載されている原材料表示と栄養表示をもとに、“犬の健康” を基準に監修者と編集部が判定したものです。
※ PART 3、4、5の商品やサービスの評価は、その素材や形状、商品やサービスがうたっている効果やメリットをもとに監修者と編集部が判定したものです。
※本書に掲載されている商品やサービスのデータ（原材料を含む）は、2019年8月現在のものです。現在では、変更されていたり、発売されていなかったりする場合もあります。
※ PART 1の原材料表示の表記は、商品パッケージの記載に基づいています。本文など、それ以外の表記は、本書の基準に基づいています。

はじめに

犬と飼い主がより楽しく暮らすために

いま、ペットショップではさまざまな種類のドッグフードやペット用品が販売されています。そのなかには、わたしのようなペットの専門家からすれば不必要と思われるものもあります。そして、犬の幸福と健康を願うどころか、間違った知識をふりかざして飼い主の自己満足感をあおり、けっして安全とはいえない商品を売りつけようとするものさえあります。

じつは、犬が健康に生きていくために必要なものは意外とシンプルです。しかし、犬をはじめとするペットは、飼い主の心のすき間を埋めるための存在であることも事実です。そのため、飼い主がペット用品を買って充足感を得ることも、悪いことではありません。

飼い主が犬を飼って愛する楽しみと、犬自身の幸福をバランスよく両立するためには、どんな商品をどこに気をつけて買ったらいいのか……。本書はそのコンセプトに立って、数多くのドッグフードやペット用品をなるべくかんたんに、かつバッサリと解説しました。

本書を使って、飼い主と愛犬の双方が、より楽しく暮らせることを祈っています。

ウスキ動物病院院長　臼杵 新

新装版 犬にいいもの わるいもの ―― もくじ

PART 1 フード

PART 2 おやつ

PART 3 散歩・あそび・住まい

PART 4 健康・美容・安全

PART 5 医療・サービス

愛犬生活へのアドバイス

獣医さんに聞いてみよう！

しっかり選ぼう

ここでは、本書で解説する商品の一部を、「◎・○・△・×」の評価ごとに紹介します。すでに与えていたり使っていたりする商品があれば、本文を確認してみましょう。

●ベッツチョイスジャパン
セレクトバランス
アダルト　1才以上の成犬用
チキン
→ 45ページ

●日本ヒルズ・コルゲート
サイエンス・ダイエット
アダルト　小型犬用　成犬用
1歳～6歳
→ 31 ページ

●アース・ペット
ファーストチョイス
高齢犬　チキン中粒
→ 63ページ

●ビージェイペットプロダクツ
ビルジャック
スモールブリードアダルト
→ 25ページ

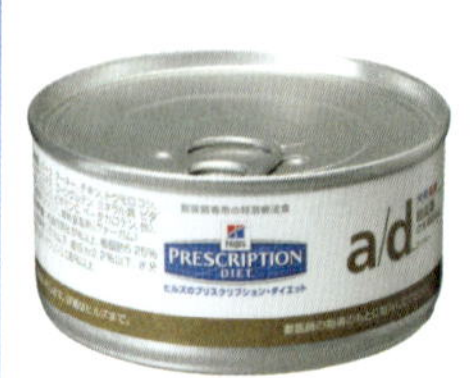

●日本ヒルズ・コルゲート
プリスクリプション・ダイエット
a/d チキン（特別療法食）　犬猫用
→ 97 ページ

●イシイ
ヤラー
ドッグディナーチキンパテ缶
→ 46 ページ

△

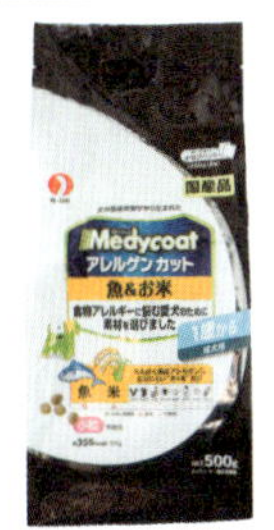

●ペットライン
メディコート　アレルゲンカット
魚＆お米　1歳から　成犬用
→41ページ

●ロイヤルカナンジャポン
ユーカヌバ
スモール　アダルト　ラム＆ライス
成犬用　小型犬用　1歳以上
→34ページ

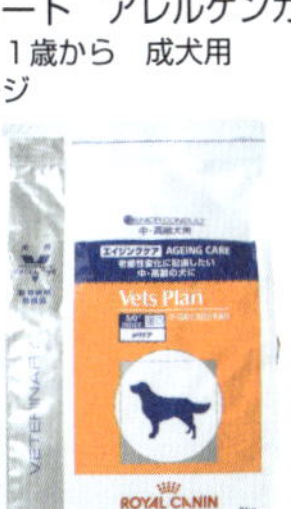

●ロイヤルカナン
ベッツプラン
エイジングケア
→94ページ

●テビフペット
牛肉＆チーズ
→49ページ

×

●エムズワン
愛犬満足　ドッグフード
7歳からのシニア用　ビーフ＆野菜　低脂肪タイプ
→76ページ

●マースジャパン
ペディグリー
成犬用ビーフ＆緑黄色野菜入り
→20ページ

●トーラス
わんべい
→ 131 ページ

●マースジャパン
グリニーズプラス
超小型犬用　ミニ
→ 104 ページ

●ニチドウ
ドクター・プロ
ベビーミルク
→ 153 ページ

●ペットプロジャパン
ささみのふりかけ
→ 149 ページ

●ドギーマン
わんちゃんの国産
低脂肪牛乳
→ 159 ページ

●マルカン
ゴン太のふりかけ
ササミジャーキー
ほねっこミックス
→ 147 ページ

●九州ペットフード
おいしいもちもち
ガム
お芋入り
→ 118 ページ

●ペティオ
素材そのまま
さつまいも ふりかけ
→ 151 ページ

●デビフペット
若鶏の軟骨
ジャーキー
→ 123 ページ

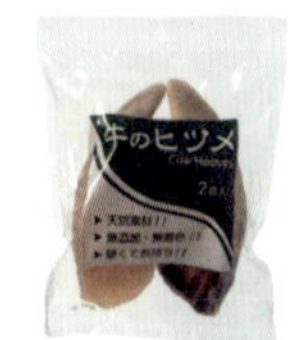

●バイオ
牛のヒヅメ
→ 106 ページ

しっかり選ぼう

PART 3 4 5

散歩・あそび・住まい／健康・美容・安全／医療・サービス

○

●テトラジャパン
コング
→177ページ

● puppia
ベースレインコート
→167ページ

●ライオン
クイック＆リッチ
トリートメントインシャンプー
→200ページ

●リッチェル
キャンピングキャリー
→184ページ

△

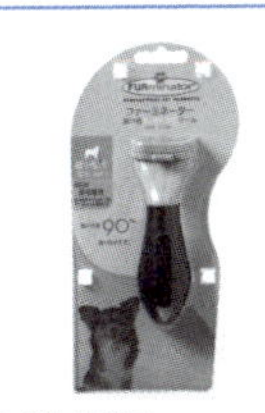

●ライトハウス
ファーミネーター
→211ページ

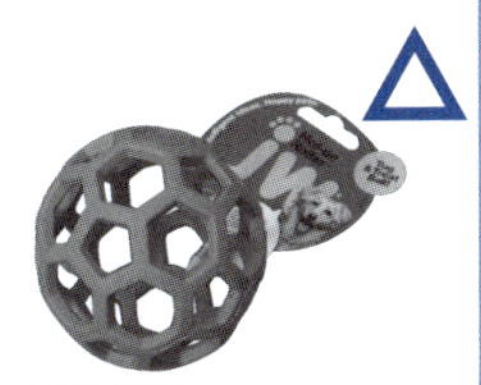

● PLATZ
ホーリーローラーボール
→178ページ

×

●アース・ペット株式会社
薬用アースノミ・マダニ
とり＆蚊よけ首輪
→216ページ

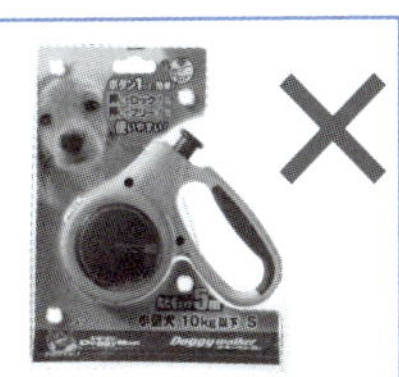

●ドギーマン
ドギーウォーカー
→175ページ

犬に食べさせてよいものとわるいもの

かわいいからと、つい人間の食事を犬に与えていませんか？　意外に知られていない「犬に食べさせてよいもの、わるいもの」を紹介します。


　犬の健康のためには、バランスのよい食事が大切です。もちろんドッグフード主体の食事が理想ですが、ときには人間が食べているものを分ける機会があるかもしれません。

　ところが、人間の食べもののなかには、犬には食べさせないほうがよいものもあります。

　よく知られているものとしては、タマネギがあります。犬がタマネギを食べると、血液中の赤血球が破壊されて、急性の貧血を起こし、最悪の場合、死亡することがあります。ここでは、犬に与える可能性の高い食べものや、とくに悪影響をおよぼしやすい食べものをまとめて紹介します。評価基準については、下の表を参考にしてください。

ちょっとした配慮があれば、与えても問題のない食べもの。

犬の体に悪いわけではないが、反応に個体差があったり、与え方によっては悪影響のある食べもの。

あきらかに犬の健康に害をおよぼす、あるいはその可能性の高い食べもの。

×ぶどう・ほしぶどう

大量に食べると急性腎不全を起こして、最悪の場合は死に至ります。中毒症状は、犬の体重1kgあたり10~30gを摂取した場合に出やすいといわれており、少量であれば問題にはなりにくいのですが、中毒のおそれがあるのは間違いない食材です。

個体差があることを考えると、食べさせるべきではないでしょう。

○生の魚

魚類には、特別な毒性はありません。ですから、スーパーで売っているような刺身であれば、アレルギーさえなければ問題なく与えてよいでしょう。

ただし、まぐろなど赤身の魚はあまりオススメできません。アレルギーをひき起こす可能性のある、ヒスチジンの含有量が比較的多いためです。

△牛乳

犬は乳糖を分解できないので、下痢になりやすいとされますが、少量であればそれほど心配にはおよびません。ただし下痢をしていない犬でも、うまく乳糖分解できていない可能性があります。

また牛乳はカロリーが高いので、がぶがぶと飲ませると太りやすいです。日常的に飲ませるなら、犬用のヤギミルクがよいでしょう。

×鶏の骨（加熱したもの）

鶏の骨は、加熱するととがった割れ方をしやすく、飲み込んだ後、胃腸にささる可能性があります。数ミリ程度まで細かくミンチすればよいのですが、それ以外の場合は絶対にあげてはいけません。

胃腸にささったら、動物病院で開腹手術や内視鏡手術をするしかありません。拾い食いや盗み食いにも気をつけましょう。

△こんにゃく

ノンカロリーなので、食事のかさ増しをするダイエット目的でよく使われます。しかし消化できない食材のため、大きいまま飲み込むと胃がもたれやすいです。そのため細かく刻む必要がありますが、めんどうな場合は糸こんにゃくを1~2ミリのみじん切りで。

ただし、適正体重の犬には、わざわざ与える必要もないでしょう。

✕ 甲殻類・貝類

ビタミンB1を分解する酵素があるため、さまざまな症状を引き起こすB1欠乏症になる可能性があります。また消化が悪く、下痢や嘔吐を起こしやすいです。

酵素は加熱調理で破壊できるのでB1欠乏症の心配はなくなりますが、基本的には避けましょう。ただし、シジミエキスは肝臓保護のために与える場合もあります。

✕ ほうれんそう

ほうれんそうは、結石の原因となるシュウ酸を多く含むので、ゆでてシュウ酸を減らすことが大事です。また犬は、繊維質の分解がとても苦手なので、ピューレ状につぶしてあげないと消化不良のおそれも。このように手間がかかるので、ほぼ出番のない食材です。

鉄分摂取が目的なら、サプリメントや注射の方が確実でしょう。

△ 梅

梅そのものは薬効効果があり、抽出成分がサプリにもなっているぐらいによい食材なのですが、一般家庭では与えにくいでしょう。

種を飲み込んでしまうと、動物病院で吐かせる処置が必要になるかもしれないので、まるごと与えないでください。また、市販されている塩漬けの梅ぼしは、塩分があまりにも多いため、NGです。

✕ ハチミツ

低血糖で倒れたときなどに緊急措置として与える程度で、日ごろの食事にハチミツは必要ありません。また低血糖が心配なら、動物病院でブドウ糖液を処方してもらうほうが確実なので、ハチミツを与える機会はほぼないでしょう。

むしろボツリヌス毒素による中毒症状が懸念されるので、与えない方が無難な食材です。

△ 豆腐・おから

人間の世界では、カロリーの低い食材として知られていますが、犬の世界ではそうでもありません。健康被害はとくにありませんが、豆腐やおからをしっかり食べ続ける犬は、じょじょに太っていく傾向があるようで、ダイエットとしては逆効果です。

なお、豆腐・おからは、ドッグフードにもしばしば配合されます。

✕ チョコレート

テオブロミンという成分の中毒症状が出る、食べさせてはいけない食材。症状は嘔吐、下痢、不整脈など犬によってさまざまで、命を落とすことさえあります。

　微量なら問題ないとされますが、個体差があるので人間の食べ残しにも注意を。また、ビターチョコの方がテオブロミン含有量が多く危険とされています。

△ たけのこ

健康面での悪影響はありませんが、栄養素の期待値が高くないので、とくに与える理由がありません。そのわりには、消化しにくいためみじん切りが必須で、その手間が面倒ならあげない方がいいぐらいの食材です。

　また、与えるのであればやはり国産タケノコを与えたいものですが、価格が高いのも考えものです。

✕ アボカド

最近は一般家庭の食卓にのぼることもめずらしくなくなってきたフルーツなので、食べたがる犬もいるかもしれません。しかし、アボカドには中毒症状を引き起こす成分が入っているため、与えるのは避けたほうがいいです。

　アボカドの成分を配合したフードもありますが、こちらは成分が調整されていて問題ありません。

△ 煮ぼし

尿結石症の犬には与えないほうが無難ですが、とくに問題のない食材です。小骨はカルシウム摂取にもよいので、品質のよいものを少量だけ与える分は、犬も喜び歯も丈夫になる、いいおやつです。

　ただし小骨といっても固いので、犬が丸飲みしても問題ないサイズまで、あらかじめ小さくカットしてあげるとよいでしょう。

✕ ナッツ類

ナッツは、古くなるとカビが生えてアフラトキシンという猛毒が発生する可能性があります。これは人間にとっては発がん物質ですが、体の小さい犬は致死することで知られます。とくに輸入品は、原産国の段階から汚染されている場合があり、避けた方が無難です。

　消化が悪く胃にとどまりやすいので、与えるのは無意味です。

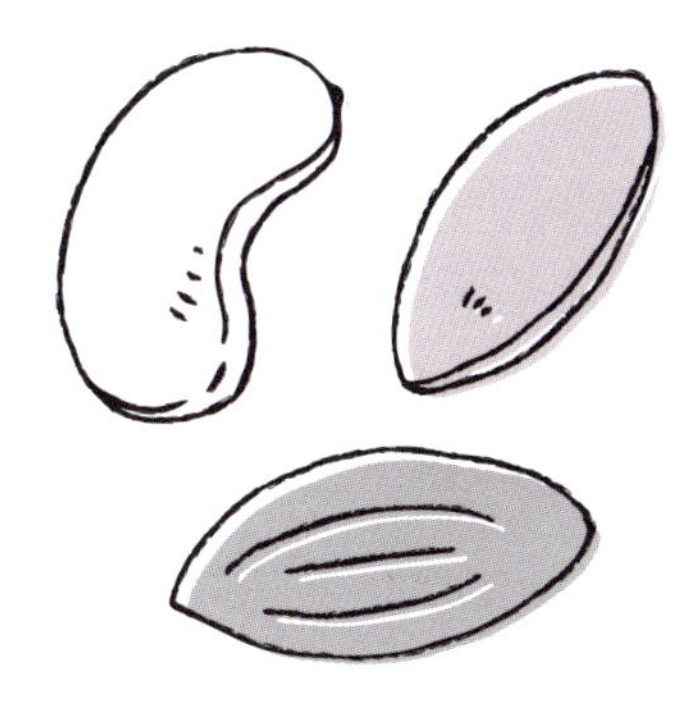

緊急時に備えて用意しておくものリスト

犬が急なケガをしたり、突然体調が悪くなったりしたとき、飼い主の適切な応急処置が重要です。緊急用に、以下の7点をまとめて準備しておきましょう。

①滅菌ガーゼ

爪などの止血に使います。最悪の場合、ふつうのティッシュでもかまいません。完全に滅菌したものでなくてもOK。

②消毒薬

傷口の消毒用です。人間用の「マキロン」ていどの弱いものを準備しておくと便利です。「オキシドール」のような強力なものは、傷を悪化させる可能性があるので避けましょう。

③ウェットティッシュ

傷口は、水道水で洗い流してください。汚れがこびりついてしまった場合は、ウェットティッシュでそっと拭いてください。

④緊急薬・常用薬

心疾患やてんかん発作をもつ犬には、「緊急薬」が処方されることがあります。手もちの個数の余裕をもって準備しておきましょう。災害に備えるため、常用している薬や使用中の療法食も、なくなるより少し前に購入しておくべきです

⑤伸縮包帯

負傷した部位を保護するのに使います。紙テープやばんそうこうだとはがれやすいので、伸縮包帯がおすすめです。薬局にふつうにあるものでじゅうぶんです。包帯の幅は、おおよそ3～5㎝くらいのものでよいでしょう。

⑥輸送用のキャリーケース

急病時には、車を利用するケースもあり得ます。そんなときのために、ふだん使っているケージか、サイズの合うダンボールを用意しましょう。

⑦夜間救急病院とペットOKなタクシーの連絡先

緊急時にあわてて調べはじめては、手遅れの可能性も。事前に調べておきましょう。

PART 1 フード

多種多様なフードを「犬の年齢」×「含有する水分量」、そして「療法食」の７つに分けて紹介しています。

マースジャパン
ペディグリー
成犬用ビーフ&緑黄色野菜入り

×

総合栄養食

肉そのものではなく「肉類」を使用

獣医師のなかで、よく「不安なフード」の典型例として挙げられる商品のひとつ。健康面よりも、犬が好きな味や風合いを目指していることがうかがえます。商品名ではビーフ味がウリですが、原材料は肉よりも穀類のほうが多く含まれています。

また肝心のビーフは、牛肉以外に鶏肉なども混ざっています。さらに着色料、保存料など、不安な添加物が多く含まれています。

原材料

穀類、大豆、肉類（チキンミール、チキンエキス、ビーフ 等）、家禽類、油脂類（パーム油、大豆油）、タンパク加水分解物、ビートパルプ、野菜類（トマト、ほうれん草、にんじん）、ビタミン類（A、B_1、B_2、B_6、B_{12}、D_3、E、コリン、ナイアシン、パントテン酸、葉酸）、ミネラル類（亜鉛、カリウム、カルシウム、クロライド、セレン、鉄、銅、マンガン、ヨウ素、リン）、アミノ酸類（メチオニン）、着色料（青2、赤102、黄4、黄5、二酸化チタン）、酸化防止剤（BHA、BHT、クエン酸）、pH調整剤、保存料（ソルビン酸K）

原産国／タイ

日本ペットフード

ビタワン

人間用食材の残りカスでつくられている

総合栄養食

「日本初のドッグフード」として、長く支持されています。しかし使用されている原材料は、脱脂米糠、チキンミール、牛肉粉、豚肉粉、脱脂大豆など、人間用の食材を加工した後の「残りカス」がメインとなっていて残念。足りない栄養素は、添加物で補っています。

栄養価は基準をクリアしていますが、大切な愛犬の健康を託すには不安要素が多いといわざるを得ません。

穀物（トウモロコシ、脱脂米糠、コーングルテンフィード、小麦ふすま）、肉類（チキンミール、牛肉紛、豚肉紛、チキンレバーパウダー）、豆類（脱脂大豆、おから粉末、大豆粉末）、油脂類（動物性油脂、γ−リノレン酸）、ビール酵母（β−グルカン源）、乾燥キャベツ、オリゴ糖、カゼインホスホペプチド、ミネラル類（カルシウム、リン、ナトリウム、クロライド、鉄、銅、マンガン、亜鉛、グルコン酸亜鉛、ヨウ素、コバルト）、ビタミン類（A、B_2、B_6、B_{12}、D、E、パントテン酸、コリン）、香料、酸化防止剤（ミックストコフェロール、ローズマリー抽出物）、アミノ酸類（アルギニン、メチオニン）、バチルスサブチルス（活性菌）

原産国／日本

日清ペットフード

ラン・ミール
ビーフ&バターミルク味

牛肉不使用の「ビーフ味」

総合栄養食

原材料の「ミール」は、原料の栄養価をしぼり取った後の残りカスのこと。また栄養素として含まれている「○○パウダー」は、肉類をさらに乾燥させてパウダー状にしたもので、その正体は不明。一般的に「鶏肉」「牛肉」といった素材そのものでない原材料は、上質ではないでしょう。

主原料は牛肉ではなく、「ビーフ・バターミルク味」を香料で演出している製品です。

原材料

穀類（小麦粉、とうもろこし、ホミニーフィード、小麦ふすま、中白糠、コーングルテンミール、脱脂米糠）、肉類（ミートミール／チキンレバーパウダー／チキンミール）、動物性油脂、ビートパルプ、大豆ミール、オリゴ糖、フィッシュミール、アルファルファ、パプリカ、ビール酵母、グルコサミン、ミネラル類（カルシウム、リン、ナトリウム、塩素、銅、亜鉛、ヨウ素）、ビタミン類（A、D、E、B_2、B_{12}、パントテン酸、コリン）、食用黄色5号、食用赤色3号、食用赤色102号、香料、酸化防止剤（ローズマリー抽出物）

原産国／日本

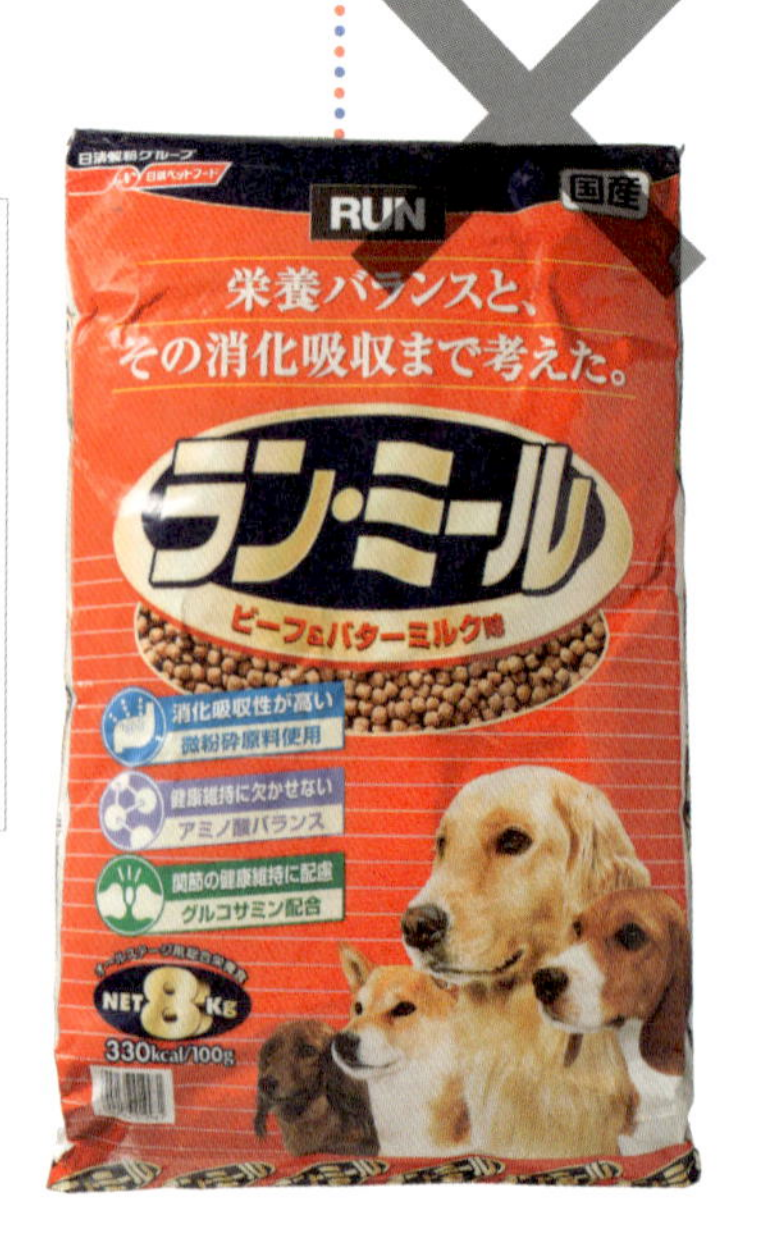

P&G

アイムス

成犬 小型犬用 小粒

時代逆行の成分に変更

総合栄養食

旧製品に比べ、チキンターキーがミール系になり、酸化防止剤ＢＨＡとＢＨＴが新たに追加されました。

すでに食べ慣れている子はともかく、今から新しく使うのは躊躇する成分です。

昨今の上位プレミアムフードはミール系動物たんぱくや合成保存料を避ける傾向にあるなか、逆行しているフードだといえます。

肉類（チキンミール、家禽ミール）、とうもろこし、小麦、動物性油脂、乾燥ビートパルプ、家禽エキス、植物性タンパク、フラクトオリゴ糖、乾燥卵、STPP（トリポリリン酸塩）、ひまわり油、ビタミン類（A、B_1、B_2、B_6、B_{12}、D_3、E、コリン、ナイアシン、パントテン酸、ビオチン、葉酸）、ミネラル類（亜鉛、カリウム、クロライド、セレン、銅、ナトリウム、マンガン、ヨウ素）、酸化防止剤（BHA、BHT、クエン酸）

原産国／ドイツ

新東亜交易

ネイチャーズバラエティ インスティンクトロウブーストチキンフォーミュラ

クオリティも値段も高いフード

総合栄養食

有名なプレミアムフードよりも、さらに上位に位置するフードです。「ドッグフードはこうあるべき」という理想を追究した商品であり、パッケージに書かれていることがきちんと実行されているとすれば、獣医師が専門的に見てもケチがつけられないフードです。

クオリティが高い分、価格も高め。ミールは食用部位の粉末で、俗にいう低劣な副産物ではないとメーカーの説明があります。

原材料

チキンミール、チキン、チキンファット（クエン酸、トコフェロールで酸化防止）、チキンエッグ、ヒヨコマメ、エンドウマメ、タピオカ、トマト、モンモリロナイト、自然風味、サーモンオイル、塩化カリウム、塩、ニンジン、リンゴ、クランベリー、ビタミン（ビタミンA、ビタミンD_3、ビタミンE、ナイアシン、L-アスコルビン酸-2-ポリリン酸塩、D-パントテン酸カルシウム、硝酸チアミン、塩酸ピリドキシン、リボフラビン、葉酸、ビオチン、ビタミンB_{12}）、ミネラル（亜鉛蛋白、鉄蛋白、銅蛋白、マンガン蛋白、エチレンジアミン、亜セレン酸ナトリウム）、塩化コリン、フリーズドライターキー、フリーズドライチキン（フリーズドライチキン骨粉含む）、ローズマリーエキス、フリーズドライターキーレバー、カボチャの種、有胞子性乳酸菌発酵物、ニホンカボチャ、アマニン粉、乾燥昆布、ブロッコリー、リンゴ酢、乾燥チコリー根、ブルーベリー

原産国／アメリカ

ビージェイペットプロダクツ

ビルジャック スモールブリードアダルト

こだわって作られたフード

総合栄養食

人間用クオリティの生鮮原料を、特殊な低温加工で栄養損失を抑えて製造しています。原料由来の脂肪だけで十分な栄養価があるので、余計な油脂を添加していません。

本製品の「副産物」は廉価ミールではなく、厳選した内臓だけを使用。これが酸化しやすいため、強力な酸化防止剤を使用しています。高品質と引き換えの合成保存料をどう評価するかは飼い主次第です。

原材料

鶏、鶏の副産物（アルギニン源である鶏肉の内臓のみ）、とうもろこしミール、鶏副産物ミール、乾燥甜菜果肉、オートミール、さつまいも、醸造用乾燥イースト、第一リン酸カルシウム、亜麻仁、塩化コリン、炭酸カルシウム、プロピオン酸ナトリウム（保存料）、DL-メチオニン、L-リジン、乾燥ブルーベリー、乾燥クランベリー、乾燥りんご、ビタミンE補強剤、L-アスコルビン酸-2-ポリリン酸（ビタミンC源）、亜鉛プロテイン、酸化亜鉛、銅プロテイン、ビタミンA酢酸塩、硫酸銅、ナイアシン補強剤、ビオチン、亜セレン酸ナトリウム、パントテン酸D-カルシウム、イノシトール、マンガンプロテイン、リボフラビン補強剤、硝酸チアミン、ビタミンB_{12}補強剤、塩酸ピリドキシン（ビタミンB_6）、混合トコフェロールおよびBHA（酸化防止剤）、酸化マンガン、コバルトプロテイン、炭酸コバルト、ビタミンD_3補強剤、ヨウ化カリウム、葉酸、ローズマリー抽出物（酸化防止剤）

原産国／アメリカ

※後から添加していないため成分表に書かれていないが、製品中にはオメガ3、オメガ6が十分に含まれており、コレステロールを下げ、中性脂肪を減らす効果があるといわれている。

愛犬生活へのアドバイス

よくきく「総合栄養食」とはいったいなんのこと？

ドッグフードのパッケージを見ると、「総合栄養食」と表示されているものがあることに気づくと思います。これは、ペットフード公正取引協議会[※]の定める基準を満たしている証明であり、フードと水を摂取するだけで健康が維持できるもののみに認められています。

アメリカの基準であるAAFCOもほぼ同じで、これに適合するものをプレミアムフードと呼びます。ただし、この基準は最近の高品質化したフードにとって最低限のもので、製品ごとに大きく品質に差が出ているのが現状です。

かつては総合栄養食／プレミアムフードであれば合格と考えられていましたが、現在は高品質な肉を主体とした構成・合成着色料／合成保存料の不使用・増粘多糖類や食感向上剤の不使用などが条件として求められています。

良いものを求めれば価格は高くなりますが、高い＝高品質と断定はできません。製品ごとの特性、長所を把握する必要があります。

※ペットフードの表示に関する事項を定めた規約を円滑に適正に運営することにより、事業者間の公正な競争を確保し、一般消費者の合理的な商品選択に資することを目的として設立された団体。

ニチドウ

ドクタープロ

ラム&オートミール　オールステージ

小袋にチャックつきで使い勝手はよい

総合栄養食

ラム&オートミールでアレルゲン回避をうたっていますが、「それ以外も入っている」と小さく書かれており、厳密なアレルギー対応食ではないことに注意しましょう。

姉妹品にポテト&フィッシュなどもありますが、ミール表記のものが多く、コストダウンの跡が見えます。余計な添加物を避けつつ、コストパフォーマンスのよい製品を作ろうという狙いがうかがえます。

原材料

ラムミール、エンドウ豆タンパク、ブリューワーズライス、玄米、オートミール、鶏脂（ビタミンEで酸化防止）、トマト繊維、天然フレーバー、サーモンミール、亜麻仁、キャノーラオイル、ジャガイモ、乾燥ミルクタンパク、トルラ酵母、塩、タウリン、クランベリー、パパイヤ抽出物、ユッカ抽出物、ラクトフェリン、レシチン、ビタミン類、（塩化コリン、ビタミンE、パントテン酸カルシウム、ビタミンA、ナイアシン、ビタミンB_2、ビタミンB_1、ビタミンB_6、ビタミンD_3、ビタミンK_3、葉酸、ビオチン、ビタミンB_{12}、耐熱性ビタミンC)、ミネラル類（塩化カリウム、炭酸カルシウム、酸化亜鉛、亜鉛蛋白化合物、硫酸第一鉄、酸化マンガン、硫酸銅、マンガン蛋白化合物、ヨウ素酸カルシウム、銅蛋白化合物、亜セレン酸ナトリウム、炭酸コバルト）、酸化防止剤（ローズマリー抽出物）

原産国／アメリカ

※本品に配合しているラムミールは、骨・羽根・内臓などの副産物を含まないラム肉から作られたものを使用しています。

ブルーバッファロー

ライフプロテクション・フォーミュラ

成犬用・超小粒　チキン&玄米レシピ

◎

平均点の高いプレミアムフード

総合栄養食

トレンドを抑えたスキのない作り、タンパク質26%以上と高めで肉の配合量の高さを示している点などは好感が持てます。

アレルギーを徹底して回避することはできませんが、比較的アレルギーの起きやすい材料を、無理のない範囲で避けています。

なお、チャックがついていないため、開けた後は工夫して密封する必要があります。

原材料

骨抜き鶏肉、乾燥チキン、玄米、オートミール、大麦、亜麻仁（オメガ-3脂肪酸・オメガ-6脂肪酸源）、エンドウでんぷん、鶏脂（混合トコフェロールにて酸化防止）、タンパク加水分解物、乾燥卵、乾燥トマトポマス、エンドウマメ、エンドウタンパク、乾燥ターキー、乾燥アルファルファミール、乾燥チコリ根、馬鈴薯、エンドウ繊維、アルファルファ抽出物、サツマイモ、人参、ガーリック、野菜ジュース、ブルーベリー、クランベリー、大麦若葉、パセリ、ターメリック、乾燥ケルプ、ユッカ抽出物、グルコサミン塩酸塩、乾燥酵母、乾燥エンテロコッカス・フェシウム発酵産物、乾燥ラクトバチルス・アシドフィルス発酵産物、乾燥黒麹菌発酵産物、乾燥トリコデルマ・ロンギブラキアタム発酵産物、乾燥バチルス・サブチルス発酵産物、ローズマリーオイル、アミノ酸類（DL-メチオニン、L-カルニチン、L-リジン、タウリン）、ミネラル類（第2リン酸カルシウム、塩化カリウム、食塩、炭酸カルシウム、亜鉛アミノ酸キレート、硫酸亜鉛、硫酸第一鉄、鉄アミノ酸キレート、硫酸銅、銅アミノ酸キレート、硫酸マンガン、マンガンアミノ酸キレート、ヨウ素酸カルシウム、亜セレン酸ナトリウム）、ビタミン類（塩化コリン、E、ナイアシン、パントテン酸カルシウム、ビオチン、L-アスコルビン酸-2-ポリリン酸、A、B_1、B_2、D_3、B_{12}、B_6、葉酸）、酸化防止剤（混合トコフェロール）

ランフリー

サーモン・ヴェニソン&ベジタブル・ブルーベリー

成犬用・皮膚被毛サポート・高アミノ酸

向き不向きがあるため△

材料を細かくカスタマイズして注文し、個別にオーダーメイドの自然素材食を届けてくれるメーカー。アレルゲンが特定できず、栄養添加物が疑わしい場合、このような手作り食を試すことも。一般家庭では自作が難しいですが、ある種の飼い主や犬には救世主になりえます。主治医と相談して活用しましょう。

サーモンフィレ、ヴェニソン赤身肉、玄米、香麦、コーンフラワー、馬レバー、じゃがいも粉、栗かぼちゃ、ブルーベリー、オクラ、ブロッコリー、さつまいも、ホタテカルシウム、ひまわり油、利尻昆布、干ししいたけ、オリゴ糖、クロレラ、モロヘイヤ, エゴマ油、亜麻仁油、ボラージ油、しその葉、ウコン

原産国／日本

オーダーメイドの他、定番構成のフードも用意されており、この製品はその一つ。

ユニ・チャームペット

愛犬元気
肥満が気になる7歳以上用 ささみ・ビーフ・緑黄色野菜・小魚入り

典型的な「安いだけ」のフード

総合栄養食

廉価フードの典型例で、穀類主体の配合、種類を問わず広い範囲から集めたミール系動物たんぱくの多用などは問題があります。

合成着色料を使った色違いの粒があり、これもマイナスポイント。価格が安い以外に、このグレードのフードを選ぶ理由はなさそうです。消費速度の遅い小型犬が増えていることに対応して、小袋包装になっています。

原材料

穀類（トウモロコシ、小麦粉、コーングルテンフィード、コーングルテンミール、フスマ、パン粉、脱脂米糠等）、肉類（チキンミール、ビーフミール、チキンエキス、ササミパウダー、ビーフパウダー等）、野菜類（ビートパルプ、ニンジンパウダー、カボチャパウダー、ホウレンソウパウダー）、動物性油脂、豆類（脱脂大豆、大豆エキス）、魚介類（フィッシュミール、乾燥小魚）、ビール酵母、チーズパウダー、ミネラル類（カルシウム、塩素、コバルト、銅、鉄、ヨウ素、カリウム、マンガン、リン、亜鉛）、着色料（二酸化チタン、赤色102号、赤色106号、黄色4号、黄色5号、青色1号）、ビタミン類（A、B_1、B_2、B_6、B_{12}、C、D、E、K、コリン、ナイアシン、パントテン酸、ビオチン、葉酸）、酸化防止剤（ミックストコフェロール、ハーブエキス）、ミルクカルシウム

原産国／日本

日本ヒルズ・コルゲート

サイエンス・ダイエット

アダルト　小型犬用　成犬用　1歳～6歳

人気・実績とも安心クオリティ

総合栄養食

動物栄養学の先進国であるアメリカのメーカーのプレミアムドッグフード。「高級」「優秀」の代表ブランドとして有名です。以前は主原料が穀物でしたが、現在はトリ肉に改善されています。肉の副産物は使用しないなど、粗悪な材料や過剰な添加物を避け、動物栄養学に即して配合されているのが特長。

迷った際は、とりあえず選んでおいて間違いのないクオリティといえるでしょう。

原材料

トリ肉（チキン、ターキー）、トウモロコシ、小麦、米、動物性油脂、トリ肉エキス、植物性油脂、亜麻仁、ポークエキス、トマト、柑橘類、ブドウ、ホウレンソウ、ミネラル類（ナトリウム、カリウム、クロライド、銅、鉄、マンガン、セレン、亜鉛、ヨウ素）、ビタミン類（A、B_1、B_2、B_6、B_{12}、C、D_3、E、ベータカロテン、ナイアシン、パントテン酸、葉酸、ビオチン、コリン）、アミノ酸類（タウリン）、酸化防止剤（ミックストコフェロール、ローズマリー抽出物、緑茶抽出物）

原産国／チェコ

安心で賢いフード選び

ブランド名や商品名で購入するのではなく、パッケージ表示の情報を読み取ったうえで納得のフード選びを!

ペットショップやスーパーでは、たくさんのドッグフードが販売されています。年齢、犬種、フードの形状の違いなど、さまざまな種類があるため、どれにするか迷ってしまいます。

主食にするのであれば、まずはパッケージに「総合栄養食」の表示があるかを確認すること(26ページ参照)。ですが、この表示があったからといって安心してはいけません。1日に必要な栄養バランスが整っていても、粗悪な原材料を使用したフードがごく普通に商品棚に並んでいる可能性があることを覚えておいてください。

香料添付は粗悪な材料隠し!?

犬にとってもっとも大切な栄養素は、良質な動物性たんぱく質です。そもそも犬は肉食なので、フードパッケージの原材料で、穀物よりも肉が上位に表記されているフードを選ぶようにしましょう。

しかし、肉が多く入っていればよいというわけではありありません。フードパッケージの原材料表示を見ると、正肉、肉類、◯◯肉副産物、◯◯ミール、◯◯パウダーなどの表記があり、動物性たんぱく質として何が使用されているかがわかります。

ここでのポイントは、正肉ならよくて、◯◯ミールが悪いということではありません。どの動物性タンパク質を使用していても、〝良質〟であれば問題ないのですが、毛皮やひづめ、糞尿などを含む、〝粗悪〟な原材料を使用しているフードがあるという点です。

ほかと比べてあまりに安い価格で販売しているフードは、粗悪な肉を使用している可能性もあります。また、香料は粗悪な原材料の使用隠しを目的に添加されている場合も……。香料を添加しているフードは、意識が低いメーカーによる製造だと思ってよいでしょう。

フードによっては、原料、製造、流通をたどれる、トレーサビリティコードがパッケージに表示されているので、フード選びの参考にしてください。

ロイヤルカナンジャポン

ユーカヌバ スモール アダルト ラム&ライス 成犬用 小型犬用 1歳以上

△

アレルゲン回避には向かない

総合栄養食

ラム&ライスと言いながら配合第1位が鶏と七面鳥で、ラム肉、コメが続きます。合成保存料や着色料が不使用な点はよいのですが、小麦やトウモロコシ、大麦が入っており、アレルゲン回避のためには適しません。

昨今の新参プレミアムフードラッシュの中ではやや埋没しています。リピーターに需要があるのかもしれません。

原材料

肉類（鶏、七面鳥）、ラム肉、米、小麦、とうもろこし、動物性油脂（オメガ-6不飽和脂肪酸源）、とうもろこし粉、大麦、ビートパルプ、卵パウダー、加水分解タンパク（鶏、七面鳥）、魚油（オメガ-3不飽和脂肪酸源）、フラクトオリゴ糖、アミノ酸類（DL-メチオニン）、ポリリン酸ナトリウム、ミネラル類（Cl、K、Na、Ca、Zn、Mn、Fe、P、Cu、I、Se）、ビタミン類（A、D_3、コリン、E、パントテン酸カルシウム、ナイアシン、B_6、B_1、B_2、ビオチン、葉酸、B_{12}）、酸化防止剤（ミックストコフェロール、ローズマリーエキス）

原産国／ポーランド

日本ペットフード

ビタワン ふっくら～な成犬用 ビーフ味・チキンと8種類の野菜入り

原材料と添加物が不安だらけ

総合栄養食

ビーフと野菜のバランスがよいことをアピールしていますが、原材料の冒頭には穀類が多数並んでいます。また肉類には、ミールやパウダーといった粗悪な肉類の可能性がある表示も見られ、肝心のビーフは牛肉粉です。

さらに、着色料をたくさん使用。使用基準値が制限されている、デヒドロ酢酸ナトリウムの使用にも、不安が残ります。

原材料

穀類(小麦粉、パン粉、小麦ふすま、トウモロコシ、コーングルテンフィード、脱脂米糠)、肉類(チキンミール、牛肉粉、豚肉粉、チキンレバーパウダー)、豆類(脱脂大豆、おから粉末、大豆粉末)、糖類(ショ糖、オリゴ糖)、油脂類(動物性油脂、γ-リノレン酸)、ビール酵母、野菜類(キャベツ、大麦若葉、カボチャ、トマト、ニンジン、ブロッコリー、ホウレンソウ、モロヘイヤ)、カゼインホスホペプチド、プロピレングリコール、ミネラル類(カルシウム、リン、ナトリウム、クロライド、鉄、銅、マンガン、亜鉛、ヨウ素、コバルト)、保存料(ソルビン酸カリウム、デヒドロ酢酸ナトリウム)、ビタミン類(A、B_2、B_6、B_{12}、D、E、パントテン酸、コリン)、香料、着色料(二酸化チタン、食用赤色102号、食用赤色106号、食用黄色5号、食用青色1号)、酸化防止剤(ミックストコフェロール、ローズマリー抽出物)、アミノ酸類(アルギニン、タウリン、メチオニン)

原産国／日本

ユニ・チャームペット

グラン・デリ

カリカリ仕立て　成犬用　味わいチーズ入りセレクト　ビーフ・緑黄色野菜・ささみ・小魚入り

廉価フードの定番

総合栄養食

飼い主の目を楽しませるために、数種類の色と形をした粒を混合しています。また、形のままの小魚煮干しも入っています。このような手法は、上級のフードでは用いられていません。

穀類がメインであること、合成着色料や保存料が使われていることもあり、毎日食べるフードとして不安が残ります。

原材料

穀物（トウモロコシ、パン粉、小麦粉）、肉類（チキンミール、チキンエキス、ささみ、ポークミール、ビーフミール、ササミパウダー）、豆類（大豆、脱脂大豆、大豆エキス、大豆パウダー）、動物性油脂、野菜類（ビートパルプ、ニンジンパウダー、カボチャパウダー、ホウレンソウパウダー）、乾燥小魚、チーズ、ビール酵母、ブドウ糖果糖液糖、セルロースパウダー、グリセリン、プロピレングリコール、ソルビトール、ミネラル類（カルシウム、塩素、銅、鉄、ヨウ素、カリウム、ナトリウム、リン、亜鉛）、保存料（ソルビン酸K）、調味料、ビタミン類（A、B_1、B_2、B_6、B_{12}、D、E、K、コリン、パントテン酸）、着色料（二酸化チタン、赤色106号、黄色4号、黄色5号、青色1号）pH調整剤、膨張剤、酸化防止剤（エリソルビン酸Na、ミックストコフェロール、ハーブエキス）

原産国／日本

ユニ・チャームペット

愛犬元気 パックン ふっくら仕立て 小型犬用 ビーフ・ささみ・緑黄色野菜・小魚入り

不安な添加物と原材料のオンパレード

総合栄養食

個別包装された腸内ビフィズス菌を増やすオリゴ糖入りセミモイストフード。

肉はミール、野菜はパウダー、小魚は乾燥したものを原材料として使用していますが、小魚に関してはどんな種類の魚が使用されているか不明です。

この商品も、見た目をアピールするために着色料をたくさん使用しています。

原材料

穀類（小麦粉、パン粉、トウモロコシ）、肉類（チキンミール、チキンエキス、ササミパウダー、ビーフミール、ポークミール）、豆類（脱脂大豆、大豆粉、おからパウダー）、糖類（ブドウ糖果糖液糖、オリゴ糖）、動物性油脂、ビール酵母、ハーブ、野菜類（ニンジンパウダー、カボチャパウダー、ホウレンソウパウダー）、魚介類（乾燥小魚）、プロピレングリコール、グリセリン、ミネラル類（カルシウム、塩素、銅、鉄、ヨウ素、ナトリウム、リン、亜鉛）、乳化剤、保存料（ソルビン酸K）、pH調整剤、調味料、ビタミン類（A、B_1、B_2、B_6、B_{12}、D、E、K、コリン、パントテン酸）、着色料（二酸化チタン、赤色106号、黄色4号、黄色5号、青色1号）、酸化防止剤（ミックストコフェロール、ハーブエキス）

原産国／日本

マルカン

スタイルズ トイプードル用　6歳以上用

総合栄養食

原材料の糖類に疑問

原材料2位の糖類がどんなものなのかはっきりせず不安があります。

半生のフードやおやつは非常に腐敗しやすく、かつては大量の保存料が添加され胃腸、内臓障害が発生しました。最近はそれを踏まえ、種類や量に気を使っていますが、おいしさと引き換えに添加剤が多くなっています。食欲不振や体力低下には効果がありそうですが、毎日のフードとしては百点ではありません。

△

肉類（チキン等）、糖類、豆類、でん粉類、穀類、油脂類、イソマルトオリゴ糖、グルコサミン（カニ由来）、果実類（ブルーベリー果汁等）、乳類、魚介類、緑茶粉末、種実類（ごま等）、コンドロイチン、食物繊維（粉末セルロース）、ビタミン類（A、D、E、B1、B2、B6、B12、C、ニコチン酸、パントテン酸、葉酸、コリン）、ミネラル類（リン酸カルシウム、炭酸カルシウム、塩化ナトリウム、硫酸マグネシウム、硫酸鉄、炭酸亜鉛、硫酸銅、炭酸マンガン、ヨウ素酸カルシウム）、アミノ酸類（メチオニン）、増粘安定剤（グリセリン）、品質保持剤（プロピレングリコール）、保存料（ソルビン酸カリウム）、pH調整剤、酸化防止剤（エリソルビン酸ナトリウム、ミックストコフェロール、ローズマリー抽出物）

原産国／日本

マースジャパン

ニュートロ　シュプレモ

小粒　超小型犬用

総合栄養食

材料と栄養バランスにこだわっている

チキン生肉・乾燥チキン・乾燥ラム肉が、チキン・チキンミール・ラムミールに変わりましたが、表記上の変更かコストダウンか、ホームページ上に説明はありません。

肉主体の構成で「ミートファースト」を掲げ、早くから高品質原料と合成添加物不使用で、ファンの多いフードですが、ミール系素材が多く使われています。

その割に値段が高いのが気になります。

原材料

チキン（肉）、チキンミール、玄米、粗挽き米、ラムミール、ビートパルプ、鶏脂＊、米糠、サーモンミール、オーツ麦、タンパク加水分解物、亜麻仁、ひまわり油＊、ココナッツ、チアシード、乾燥卵、トマト、ケール、パンプキン、ホウレン草、ブルーベリー、リンゴ、ニンジン、ビタミン類（A、B_1、B_2、B_6、B_{12}、D_3、E、コリン、ナイアシン、パントテン酸、ビオチン、葉酸）、ミネラル類（カリウム、クロライド、セレン、ナトリウム、マンガン、亜鉛、鉄、銅）、アミノ酸類（メチオニン）、酸化防止剤（ミックストコフェロール、ローズマリー抽出物、クエン酸）

＊ミックストコフェロールで保存

原産国／アメリカ

森乳サンワールド

スーパーゴールド フィッシュ&ポテト　プラス

関節の健康に配慮

総合栄養食

病院処方食のほうが安いかも

以前は主原料が鶏肉でしたが、ポテトに変更されたことで評価を落としました。低アレルゲンフードで、動物たんぱくを魚だけでまかなっています。脂分もコーン油のみを使用しており、主原料はシンプル。

値段が高いため、病院処方食を獣医師に出してもらうほうがよいかもしれません。アレルギーがなければ選ぶ根拠は薄いでしょう。

原材料

ポテト、サーモンミール、ホワイトフィッシュミール、コーン油、トマトミール、セルロースパウダー、フィッシュダイジェスト、ピー（エンドウ）、ビートパルプ、緑イ貝、クランベリーエキス、食塩、グレープシードエキス、グルコサミン、レシチン、タウリン、コンドロイチン硫酸、イノシトール、ユッカ抽出物、L-カルニチン、L-トリプトファン、ビタミン類(A、C、D、E、K、ナイアシン、B_2、パントテン酸カルシウム、B_{12}、B_1、B_6、葉酸、ビオチン、コリン)、ミネラル類(Zn、Fe、Mn、Cu、I、Se、Co)、酸化防止剤（トコフェロール、クエン酸、ローズマリーエキス）

原産国／アメリカ

ペットライン

メディコート アレルゲンカット

魚&お米　1歳から　成犬用

アレルギー対応食なのに魚の種類が不明

総合栄養食

△

穀類1位＋ミール系の構成の廉価フードですが、着色料と合成保存料は避けてあります。アレルゲンカットというものの魚の種類が不明で、処方食ほどの厳密さはないでしょう。

ここからもう少しアレルゲン候補になりやすいものを削ったのが、66ページの「魚&えんどう豆蛋白」です。

原材料

穀類（米、米粉、米ぬか）、魚介類（フィッシュミール：DHA・EPA源、フィッシュエキス、フィッシュコラーゲン）、油脂類（動物性油脂、ライスファットカルシウム、ガンマ-リノレン酸）、種実類（ゴマ粉末）、糖類（フラクトオリゴ糖）、グルタチオン酵母、シャンピニオンエキス、ブドウ種子エキス、ビタミン類（A、E、K_3、B_1、B_2、パントテン酸、ナイアシン、B_6、葉酸、ビオチン、B12、C、コリン）、ミネラル類（カルシウム、リン、ナトリウム、カリウム、塩素、鉄、コバルト、銅、マンガン、亜鉛アミノ酸複合体、亜鉛、ヨウ素）、酸化防止剤（ローズマリー抽出物、ミックストコフェロール）

原産国／日本

チャンピオンペットフーズ

オリジン　アダルト・ドッグ

グレインフリー仕様の、高品質フード

総合栄養食

　プレミアムフードより上位の有名高級フードで、この会社は他にアカナシリーズも出しています。オリジンシリーズはグレインフリーに統一され原材料の85～90％が肉です。

　しかし近年、安易なグレインフリーフードの使用は心臓疾患の誘発の可能性が指摘されているため、穀物アレルギーでなければ、少量の高消化性穀類が配合されたアカナの方がよいでしょう。また、高品質ゆえに高額です。

原材料

骨なし鶏肉、乾燥鶏肉、鶏肉レバー、丸ごとニシン、骨なし七面鳥肉、乾燥七面鳥肉、七面鳥レバー、全卵、骨なしウォールアイ、丸ごとサーモン、鶏ハツ、鶏軟骨、乾燥ニシン、乾燥サーモン、鶏レバー油、赤レンズ豆、グリンピース、緑レンズ豆、日干しアルファルファ、ヤムイモ、えんどう豆繊維、ひよこ豆、カボチャ、バターナッツスクワッシュ、ホウレン草、ニンジン、レッドデリシャスアップル、バートレット梨、クランベリー、ブルーベリー、昆布、甘草、アンジェリカルート、コロハ、マリーゴールドフラワー、スイートフェンネル、ペパーミントリーフ、カモミール、タンポポ、サマーセイボリー、ローズマリー、ビタミンA、ビタミンD_3、ビタミンE、ナイアシン、リボフラビン、葉酸、ビオチン、ビタミンB_{12}、亜鉛、鉄、マンガン、銅、セレン、発酵乾燥腸球菌フェシウム

※BHA、BHT、エトキシキン等の人工的な防酸化剤は不使用。

原産国／カナダ

ビッグウッド

ブリリアントメロウ ドライフードチキン

△

オーバースペック素材の高価格フード

表示なし

素材ごとのクオリティの高さや自然素材を使用しているのをウリにしていますが、原料は肉が少なく、多くを雑穀が占めているのが気になります。

また、栄養バランスについては、AAFCOや日本ペットフード協会の基準をクリアできているのか、具体的な記載がありません。せっかくよい材料を使用しても、栄養バランスがどの程度なのかわからないのは不安です。

原材料

焙煎あわ、焙煎きび、国内産豚骨スープ、国内産鶏、国内産豚レバー、国内産焙煎白米、宮崎県産有機野菜3種、天然ケルプ、常緑広葉樹皮炭素抹、低温抽出常緑広葉樹皮木酢液、国内産うなぎ骨、イースト（ビール酵母、ガーリック）

原産国／日本

Bｉペットランド
アボ・ダーム オリジナルビーフ　小粒

原材料はとくに問題なし

総合栄養食

代表的な、入手しやすいプレミアムフードのひとつです。原材料にはとくに問題がありません。安心して与えてもよいでしょう。

アボカドには、犬が中毒症状をひき起こす成分が入っているのですが、ここで使用されているものは安全な品種だそうです。その意味でも問題はないでしょう。

原材料

乾燥ビーフ、玄米、白米、オートミール、亜麻仁、乾燥アボカド果肉、トマト繊維、鶏脂肪、ナチュラルフレーバー、塩化カリウム、塩、海藻、ビタミン(塩化コリン、ビタミンE、ビタミンC、ビオチン、ナイアシン、パントテン酸カルシウム、ビタミンA、ビタミンB_2、ビタミンB_1、ビタミンB_{12}、ビタミンB_6、ビタミンD_3、葉酸)、ミネラル(硫酸亜鉛、硫酸鉄、鉄アミノ酸キレート、亜鉛アミノ酸キレート、セレニウム酵母、銅アミノ酸キレート、硫酸銅、硫酸マンガン、マンガンアミノ酸キレート、ヨウ素酸カルシウム)、乾燥ニシン、アボカドオイル、ローズマリーエキス、セージエキス、パイナップル、ラクトバチルス・アシドフィルス、ラクトバチルス・カゼイ、ビフィドバクテリウム・サーモフィラム、エンテロコッカス・フェシウム

原産国／アメリカ

ペッツチョイスジャパン

セレクトバランス

アダルト 1才以上の成犬用 チキン

総合栄養食

着色料、保存料など使用せず

高価な成分は使われていませんが、着色料や保存料などを避けており、堅実な作りです。袋はチャックつきで、密封できます。

コエンザイムQ10とクランベリーの配合をアピールしていますが、ペットの健康状態を大きく左右するものではありません。入っているとうれしい、程度に考えましょう。ラム主体の商品もあり、そちらは大豆とトウモロコシの使用を避けています。

原材料

乾燥チキン、とうもろこし、米、玄米、ソイビーンミール、鶏脂（オメガ6脂肪酸・オメガ3脂肪酸源）、ビートパルプ、チキンエキス、乾燥卵、キャノーラ油（オメガ6脂肪酸・オメガ3脂肪酸源）、乾燥ミルクプロテイン、ビール酵母、クランベリー、フラクトオリゴ糖、グルコサミン、コンドロイチン、コエンザイムQ10、ビタミン類（A、D、E、K、B_1、B_2、B_6、B_{12}、ナイアシン、パントテン酸、葉酸、ビオチン、コリン）、ミネラル類（カルシウム、リン、カリウム、ナトリウム、クロライド、硫酸亜鉛、鉄、銅、マンガン、セレン、ヨウ素）、酸化防止剤（ミックストコフェロール、クエン酸、ローズマリー抽出物）

原産国／アメリカ

イシイ

ヤラー ドッグディナーチキンパテ缶

無添加とオーガニックの安全フード

総合栄養食

ヤラーはオランダの認証団体公認のオーガニック原料を使用した高品質フードを製造しています（下段参照）。缶詰は副食として製造されています。オーガニックを採用することで農薬・抗生物質・ホルモン剤をなくし、かつ製造工程でも無香料・無着色・無添加を貫いています。

高価な製品なので、主食や飼育環境全てにおいて繊細な管理を必要としている子に使うべきでしょう。

原材料

鶏肉*、鶏内蔵肉*、牛肉*、牛内蔵肉*、小麦*、トウモロコシ*、海藻*、スピルニナ*、ビタミン類（VD_3、VB_1、VB_2、VB_6、ビオチン）、銅、酸化防止剤（ビタミンE）

原産国／オランダ

※ヨーロッパのオーガニックフード会社は本来、アメリカ式の総合栄養食という分類を使いません。この製品は、主食としてのバランス調整がなされていますが、メーカーの想定としては主にドライに追加する副食として製造されています。

愛犬生活へのアドバイス

ドライ、ウエット、セミモイスト 3種類のフードの違いを知ろう

ドッグフードには、以下の3種類があります。

「ドライフード」は水分を10%前後含み、歯ざわりがよく、保存がしやすいです。

「ウエットフード」は水分が75〜80%と高いため、水分補給が苦手な犬向き。食いつきがよく、パウチや缶詰に入っています。賞味期限が短く傷みやすいので、開封後は冷蔵庫や冷凍庫で保存し、なるべく早く食べさせてください。

「セミモイスト」は水分25〜35%で、ウエットフードよりさらに肉らしく、嗜好性が高いです。保存期間が短いため、合成保存料を添加している場合もあります。

種類	メリット	デメリット
ドライ	歯によい。保存しやすい。価格が安い。	犬の主食ではない「穀物」が多く含まれている。
ウエット	犬の食いつきがよい。水分補給ができる。	保存期間が短い。
セミモイスト	肉っぽい食感で、犬が好む。歯の弱い犬によい。	保存期間が短い。合成保存料が含まれているものもある。

マースジャパン

シーザー まろやかラム　野菜入り

高級感はあるが、不安な添加物入り

総合栄養食

うまみを最優先にした、ウエットフードの先駆け的な存在です。嗜好性とプレミア感は高いフードですが、原材料に使用されている肉類のラムに「等」とついているのが気になります。

野菜をそのまま与えても、犬は消化できないので、入っていても無意味です。着色料、発色剤、内容不明の増粘多糖類入りです。

肉類(チキン、ラム等)、野菜類(にんじん、いんげん、パプリカ)、ひまわり油、ビタミン類(B_1、B_5、B_{12}、D_3、E、コリン、葉酸)、ミネラル類(Ca、Cl、Cu、I、K、Mg、Mn、P、Zn)、アミノ酸類(グリシン、システイン、メチオニン)、増粘多糖類、リン酸塩（Na)、EDTA·Ca-Na、着色料(二酸化チタン)、キシロース、発色剤(亜硝酸Na)

原産国／オーストラリア

デビフペット

牛肉&チーズ

ミンチ肉にチーズ入り

栄養補完食

素材をうまみエキスで煮つめたフードで、総合栄養食の補助食的な役割となります。

ミンチの牛肉に角切りのチーズが入っているだけなので、消化性については問題ないでしょう。

食品用の肉を使って国内自社工場で製造するなど、品質にも気を使っています。

原料そのままでもおいしいはずなのに、増粘多糖類が使用されているのが残念です。

牛肉、鶏ささみ、鶏胸肉、鶏内臓、チーズ、増粘多糖類

原産国／日本

日本ヒルズ・コルゲート

サイエンス・ダイエット

缶詰　アダルト　ビーフ　成犬用

○

製品としてはよいが、マイナス面も…

総合栄養食

品質のよさに定評がある、ウエットフードの代表。ビーフのほかに、ポークも原材料に含まれています。着色料に使用されている酸化鉄は微量なので、犬の健康には問題がありません。製品としては○ですが、歯石がつきやすい、コストが高い、おいしいがゆえに処方食への移行が難しいなど、マイナス面もあります。ごほうびやトッピングとして使用するのがよいでしょう。

ビーフ、ポーク、トウモロコシ、大麦、チキンエキス、植物性油脂、動物性油脂、着色料（酸化鉄）、ミネラル類（カルシウム、リン、ナトリウム、カリウム、クロライド、銅、鉄、マンガン、亜鉛、ヨウ素）、ビタミン類（B_1、B_2、B_6、B_{12}、C、D_3、E、ベータカロテン、ナイアシン、パントテン酸、葉酸、ビオチン、コリン）

原産国／アメリカ

ニュートロ

ワイルドレシピ

ウェットフード　ターキー&ラム　成犬用

グレインフリーそのものに疑問

総合栄養食

犬は本来肉食獣、という考えから、動物たんぱく多めでグレインフリーを目指した製品。

ただ、グレインフリーは栄養学的な偏りから弊害の可能性が指摘されており、アレルゲンを回避する必要がなければ、あえて選ぶ必要はありません。グレインフリー食を主食にするなら、副食には58ページのような*トライプ缶の中でもトライプ配合比率の高い製品を加えた方がいいでしょう。

ターキー、チキンエキス、鶏レバー、ラム、チキン、卵、ビートパルプ、亜麻仁、ヤム芋、ひまわり油、乾燥酵母、ザクロ、ブルーベリー、クランベリー、ニンジン、トマト、パンプキン、ビタミン類、ミネラル類、増粘多糖類

原産国／アメリカ

※トライプとは、家畜の4つめの胃の内容物。草食獣の胃では食べた草が発酵分解され、肉食獣に不足しがちな栄養分が非常に多く含まれている。

不確かなフード情報に要注意!

「グレインフリーは高級品」は消費者の思い込みです。愛犬が健康を害さないフード選びについて考えてみましょう。

飼い主さんたちの間で、「あのフードが体に良い」「このフードは悪い」という情報が流れることがあります。みなさんもひとつやふたつ、耳にした経験があるのではないでしょうか。

このような情報は、検証されていない曖昧なものがほとんどです。なかには、フードを売るために、販売業者が情報を操作している場合も少なくありません。

ここ数年の傾向として、グレインフリーフードを愛犬に与えている飼い主さんが増えています。ペットフードにおけるグレインフリーフードとは、米、麦、トウモロコシ、キビ、などのイネ科穀類を、原材料として使用していないフードのことです。

そもそも犬は肉食の動物です。今では何でも食べる雑食になっていますが、植物性の食べ物をたくさん犬に摂取させる必要はありません。だからと言って、すべて排除するのは、意味合いが違ってきます。

たとえば、愛犬のアレルゲンの検査をした結果、特定の食材がアレルゲンであれば、その食材を原材料として含んでいない〝○○フリー〟のフードを与えるのは理にかなっています。

とはいえ、穀物アレルギーではない犬に、グレインフリーフードを与えても、何のメリットもありません。最近の研究では、グレインフリーの食事を意味なく与えていると、心筋症の発生率が上がるというデータも出ているのです。

愛犬の健康のためにも、グレインフリーフードは必要な犬のみに与えるようにしてください。

消費者の思い込みに気をつけよう

「ラム&ライス」と銘打ったフードも増えています。ラムとライスは原材料として頻繁に使用されないので、犬のアレルゲンになりにくく、処方食の主原料として使用されていました。それがなぜか、〝ラム&ライス=高級品・上等品〟という思い込みが発生してしまったのです。

現状、処方食ではない市販フードのなかには、ラムとライスが多めに含まれてはいるものの、原材料がそれだけに限定されていないものが数多くあります。消費者の思い込みを利用し、売るために〝ラム&ライス〟と大きく表示しているのです。

くれぐれも、不確かな情報に踊らされないようにしましょう。もし、フード選びで疑問や質問があれば、かかりつけの動物病院に相談することをおすすめします。

デビフペット

ひな鶏レバーの水煮 ○

健康と滋養強壮によい栄養補助フード

栄養補完食

総合栄養食ではなく、栄養補完食です。このフードだけ与えていては栄養バランスが取れないので、総合栄養食のフードもかならずいっしょに与えるようにしてください。

健康と滋養強壮のために、少量を総合栄養食と混ぜて与えるのを習慣にするのもよいでしょう。また、肝臓が弱っている、貧血症状がある、栄養と鉄分の補給が必要な犬などに食べさせるのもおすすめです。

原材料

鶏内蔵（鶏レバー他）、キャベツエキス、食塩、カルシウム

原産国／日本

マースジャパン

ニュートロ シュプレモ

カロリーケア　成犬用

カロリーオフではない

総合栄養食

アルミトレーパックが特徴です。プレミアムフードのウェット版としては平均的な成分で、増粘多糖類以外は安心できます。

カロリーケアとありますが、100g当たりのカロリーは他社類似品とほぼ同じです。

野菜類が完全粉砕されておらず形を残して製造されているのは飼い主の目に訴えるためで、消化吸収のことを考えたら望ましくありません。

原材料

チキン、チキンレバー、ニンジン、ホウレン草、トマト、ラム肉、サーモン、卵、米粉、玄米、ブルーベリー、亜麻仁、ひまわり油、ビートパルプ、オーツ麦、乾燥酵母、タンパク加水分解物、ヤム芋、アルファルファ、クランベリー、アボカド、ザクロ、パンプキン、増粘多糖類、ビタミン類、ミネラル類、タウリン

原産国／アメリカ

マースジャパン

ペディグリー　ウェット

成犬用　ローフタイプ　ビーフ&緑黄色野菜

総合栄養食

食いつき重視の低品質廉価フード

古くからテレビCMを多く流しており知名度は高いものの、典型的な廉価フードです。見た目と食いつきを優先しているため、食欲減退時に与えると、これだけは食べることもあります。廉価ウェットフードを常食する犬は4・5才で重度の歯槽膿漏になって来院することが多いです。このようなフードは歯への付着が多いため、歯磨きケアが必須です。

原材料

肉類（チキン、ビーフ等）、野菜類（にんじん、ほうれんそう）、小麦、食物繊維、植物性タンパク、ビタミン類（B_{12}、D_3、E、コリン、パントテン酸、葉酸）、ミネラル類（Ca、Cl、Fe、I、K、Mg、Mn、P、S、Se、Zn）、アミノ酸（グリシン）、増粘多糖類、増粘安定剤（アルギン酸Na）、pH調整剤、EDTA-Ca･Na、着色料（酸化鉄）、発色剤（亜硝酸Na）

原産国／オーストラリア

※ウォルサムは動物栄養研究の老舗研究所ですが、ペディグリーと同じアメリカの大手食品会社マース社の傘下に買収され、現在、そこの子会社となっています。そのため、マース社製造のペットフード製品はすべて、ウォルサム監修や共同開発となっています。
「ウォルサム監修＝高品質」とうのみにせず、個別に成分を見て商品の方向性を判断してください。

アニモンダ

フォムファインステン

アダルト　鶏肉・牛肉・豚肉・子牛肉

○

肉が主原料で、合成着色料が不使用

不明

肉類が主原料のドイツ産ウェットフード。合成の着色料と保存料が不使用で安心です。

ヨーロッパのメーカーは、主食のドライと副食のウェットをローテーションさせる方針で原料違いのものを多数ラインナップしています。この製品も単独で栄養バランスを取っているものではありません。余計な成分は一切入っていないので、手持ちの総合栄養食に安心して追加できる副食と考えましょう。

肉類（鳥肉、牛肉、豚肉、子牛肉）、ミネラル、ビタミンD_3、ヨウ素、銅、マンガン、亜鉛

原産国／ドイツ

※アニモンダなどのヨーロッパ系ナチュラルフードメーカーは、アメリカ式の総合栄養食という概念に従っておらず、それぞれ各社が複数のドライと大量の副食缶詰を出していて、適当にローテーションすることを想定して作られています。

ファンタジーワールド

ニュートライプ ピュア ラム&グリーントライプ

トライプ16%を含む総合栄養食

トライプ配合比率の高いのものから、トライプ量を抑えた肉が主体の総合栄養食まで様々な種類があります。現在は全て、1~5割程度配合の製品のみになってしまいました。

この製品では代わりにラム肉を大目に配合し、栄養添加剤を加え、単独で主食としてのバランスを取っています。トッピングではなく、これだけでトライプ入りのフードとして使いたい場合はよいでしょう。

原材料

ラムミート74.94%、ラムスープ、グリーンベニソントライプ16.29%、羊血漿成分、ビール酵母、クランベリー、サーモンオイル、ピロリン酸四ナトリウム、炭酸カルシウム、アガーアガー、カシアガム、グアーガム、塩化カリウム、ユッカシジゲラ、緑イ貝パウダー、塩化コリン、コエンザイムQ10、ビタミンA、ビタミンD_3、ヨウ素、葉酸、ビタミンB_{12}、ビオチン、ビタミンB_6、ビタミンB_2、ビタミンB_1、有機銅、有機マンガン、ビタミンB_5、有機セレン、ビタミンE、ビタミンB_3、有機亜鉛、有機鉄

原産国/ニュージーランド

※トライプとは、家畜の４つめの胃の内容物。草食獣の胃では食べた草が発酵分解され、肉食獣に不足しがちな栄養分が非常に多く含まれている。

愛犬生活へのアドバイス

自己満足の手づくり食で愛犬が体調を崩すこともある

犬にドッグフードだけでなく、手づくり食も与える飼い主もいると思います。

愛情を込めてつくった手づくり食であっても、総合栄養食のドッグフードとは違い、犬にとって必要な栄養が足りない場合が多くあるのです。そのため、継続して手づくり食を与えていると、愛犬が体調を崩してしまうことも……。せっかくの手づくり食で、そんなことになったら大変です。

愛犬がアレルギー体質で、アレルゲンを避ける必要があるという場合を除き、既製品のドッグフードを与えることをおすすめします。どのようなフードにするかは、獣医に相談して決めるのがよいでしょう。

ジャンプ

ドゥ・ロイヤル シニア

原料はよくても、添加物が気になる

総合栄養食

ミートミールを使用せず、急速冷凍した鮮度の高い生肉を使用。温風で熟成、殺菌、乾燥させる独自製法のセミモイストフードです。さらには腸内環境を整える効能もあるという、ササ抽出物も入っています。

パッケージでは、保存料を極限に抑えていることをうたっていますが、さまざまな酸化防止剤や保存料などが使用されています。栄養価基準に関する表示もありません。

原材料

牛肉、おから、鶏肉、小麦粉、豚肉、マグロ、鮭白子、マッシュポテト、水飴、ミネラル類(Na、Cl)、酵母(亜鉛、鉄、銅、ヨウ素)、ササ抽出物、サメ軟骨抽出物、乳酸菌、ソルビトール、pH調整剤(乳酸Na、リン酸塩(Na)、DL-リンゴ酸)、グリセリン、リン酸Ca、酸化防止剤(エリソルビン酸Na、V.E)、オリゴ糖、保存料(ソルビン酸K)、乳酸Ca、発色剤(亜硝酸Na)、グルコサミン、DHA

原産国／日本

日清ペットフード

jpスタイル　和の究み

小粒　11歳以上のシニア犬用

国産小麦粉が主原料の、普通のフード　総合栄養食

低GI※原料の小麦全粒粉を使用した、体重維持や肥満に配慮しているフードです。日清製粉が製造元というだけあり、主原料として国産の小麦全粒粉を使用しています。

個別包装で鮮度にこだわり、保存料などの使用を最低限に抑えようとする姿勢は評価できます。

酸化防止剤は自然由来のものを使用。穀物1位の廉価品の中では比較的良好です。

小麦全粒粉、中白糠、チキンミール、脱脂大豆、ビーフオイル、ビートパルプ、ホミニーフィード、フィッシュオイル、ビール酵母、チキンレバーパウダー、オリゴ糖、β-グルカン、脱脂米糠、N-アセチルグルコサミン、クロレラ、フィッシュコラーゲン、有胞子性乳酸菌、ミネラル類（カルシウム、カリウム、ナトリウム、塩素、銅、亜鉛、ヨウ素）、ビタミン類（A、D、E、B_1、B_2、B_6、B_{12}、パントテン酸、ナイアシン、コリン、イノシトール）、酸化防止剤（ローズマリー抽出物）

原産国／日本

※GIは、食後血糖値の上昇を示す指標のこと。「低GI」は、食後の血糖値上昇がおだやかなため糖尿病になりにくいとされる原料を示す。

マースジャパン

ペディグリー

11歳から用　チキン&緑黄色野菜入り

犬の健康をおびやかす添加物を使用

総合栄養食

11歳からのシニアを意識した原材料や成分を入れ、一粒ずつを食べやすい薄型小粒に仕上げたフードです。

高齢犬の健康を考えて製造しているということですが、健康によいとは思えない合成着色料や酸化防止剤を多く使用しています。犬よりも飼い主の目においしそうに映るかどうか、それを意識して製造していることがうかがわれます。

原材料

穀類、大豆、肉類（チキンミール、チキンエキス、ビーフ等）、家禽類、油脂類（パーム油、大豆油）、タンパク加水分解物、ビートパルプ、野菜類（トマト、ほうれん草、にんじん）、ビタミン類（A、B_1、B_2、B_6、B_{12}、D_3、E、コリン、ナイアシン、パントテン酸、葉酸）、ミネラル類（亜鉛、カリウム、カルシウム、クロライド、セレン、鉄、銅、マンガン、ヨウ素、リン）、アミノ酸類（メチオニン）、着色料（青2、赤102、黄4、黄5）、酸化防止剤（BHA、BHT、クエン酸）、pH調整剤、保存料（ソルビン酸K）

原産国／タイ

アース・ペット

ファーストチョイス

高齢犬　チキン中粒

コストを下げるためダウングレード

総合栄養食

国内ブランドのプレミアムフードとしては、古株です。長く売られているため、それなりに評価されているのでしょう。価格も同等のフードにくらべて安めです。

ただし、旧版パッケージに大きく書かれていた「鶏肉副産物不使用」が消え、成分表に「たんぱく加水分解物」が加えられました。おそらくコストを下げるためのダウングレードだと思われます。

原材料

コーン、鶏肉※、米、ビートパルプ、鶏脂、たん白加水分解物、魚油（DHA源）、乾燥トマト（リコピン源）、酵母、全粒亜麻仁（オメガ3・6脂肪酸源）、大豆レシチン、マンナンオリゴ糖、乾燥チコリ（イヌリン源）、ユッカ抽出エキス、グルコサミン、L-カルニチン、ビタミン類（A、D_3、E、C、B_1、B_2、パントテン酸、ナイアシン、B_6、葉酸、ビオチン、B_{12}、コリン）、ミネラル類（ナトリウム、クロライド、カルシウム、カリウム、鉄、亜鉛、マンガン、セレン、ヨウ素）、酸化防止剤（ビタミンE）

原産国／カナダ

森乳サンワールド

スーパーゴールド フィッシュ&ポテト　シニアライト

種類不明の海水魚を加工して使用

総合栄養食

アレルゲンになりにくいポテトとサーモンなどを、主原料としています。原料のフィッシュダイジェストとは、さまざまな種類の海水魚を消化酵素といっしょに煮て半消化状態にしたものです。海水魚の種類は、記載されていないためわかりません。

低アレルゲンフードですが、厳しく原料を狭めているわけではなく、注意が必要です。普通のフードとしては問題ない構成です。

原材料

ポテト、サーモンミール、ホワイトフィッシュミール、コーン油、トマトミール、セルロースパウダー、フィッシュダイジェスト、ピー（エンドウ）、ビートパルプ、緑イ貝、クランベリーエキス、食塩、グレープシードエキス、グルコサミン、レシチン、タウリン、コンドロイチン硫酸、イノシトール、ユッカ抽出物、L-カルニチン、L-トリプトファン、ビタミン類（A、C、D、E、K、ナイアシン、B_2、パントテン酸カルシウム、B_{12}、B_1、B_6、葉酸、ビオチン、コリン）、ミネラル類（Zn、Fe、Mn、Cu、I、Se、Co）、酸化防止剤（トコフェロール、クエン酸、ローズマリーエキス）

原産国／アメリカ

マースジャパン

ニュートロ　シュプレモ
エイジングケア

合成添加物ゼロの売れ筋フード

総合栄養食

ニュートロ3シリーズの中では店頭で一番目立つ置き方をされていることが多く、売れ筋であることを想像させます。新世代のプレミアムフードの定石である、主成分1位が肉、合成保存料着色料なし、の点を早くから押さえていたために支持されているようです。

ただし、原材料2位以降にミール系の素材が並ぶため、ハイプレミアムクラスには一歩およばない感があり、値段が高めです。

原材料

チキン（肉）、チキンミール、玄米、粗挽き米、米糠、ラムミール、サーモンミール、オーツ麦、タンパク加水分解物、ビートパルプ、エンドウタンパク、鶏脂*、ひまわり油*、亜麻仁、フィッシュオイル*、ココナッツ、チアシード、乾燥卵、トマト、ケール、パンプキン、ホウレン草、ブルーベリー、リンゴ、ニンジン、ビタミン類（A、B_1、B_2、B_6、B_{12}、D_3、E、コリン、ナイアシン、パントテン酸、ビオチン、葉酸）、ミネラル類（カリウム、クロライド、セレン、ナトリウム、マンガン、亜鉛、鉄、銅）、アミノ酸類（メチオニン）、酸化防止剤（ミックストコフェロール、ローズマリー抽出物、クエン酸）

*ミックストコフェロールで保存

原産国／アメリカ

ペットライン

メディコート

アレルゲンカット　魚&えんどう豆蛋白　7歳から　高齢犬用

△

新世代プレミアムフードの水準には一歩およばず

総合栄養食

アレルギー候補になりやすいものは入っていませんが、第1原料がえんどう豆とコーンスターチ。アレルギー対応食にはありがちな構成ですが、動物性タンパクを主原料にするのが主流となりつつあるプレミアムフードの水準には届いていないと言えます。また、主原料でコストダウンをはかっているため、価格は安めになっています。

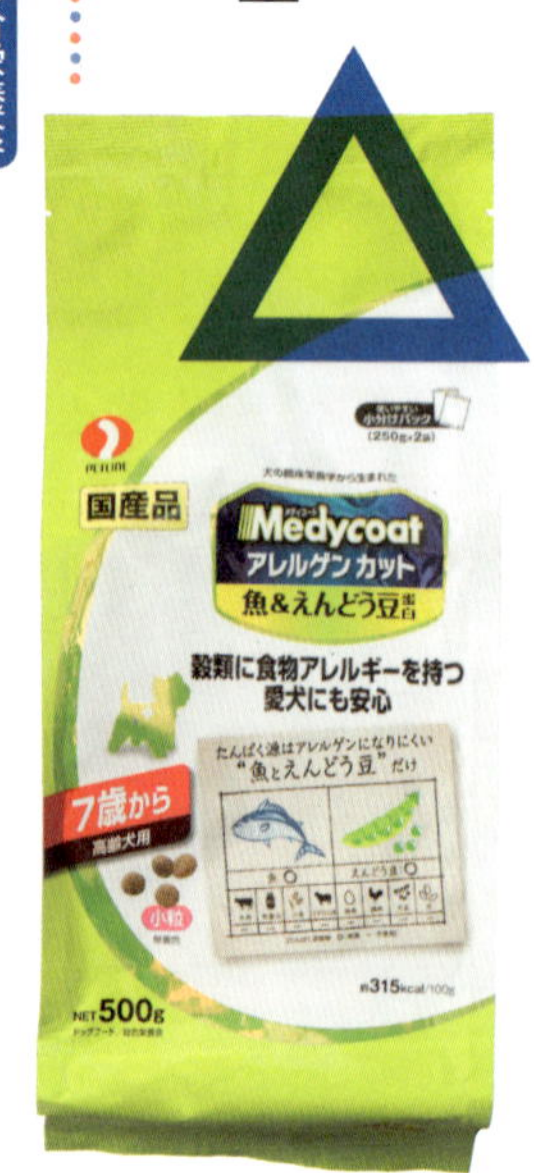

原材料

豆類（えんどう豆たん白、えんどう豆繊維）、でん粉類（コーンスターチ）、魚介類（フィッシュミール:DHA・EPA源、フィッシュエキス）、油脂類（動物性油脂）、種実類（ゴマ粉末）、糖類（フラクトオリゴ糖）、セレン酵母、ビタミン類（A、E、K_3、B_1、B_2、パントテン酸、ナイアシン、B_6、葉酸、ビオチン、B_{12}、C、コリン）、ミネラル類（カルシウム、リン、ナトリウム、カリウム、塩素、鉄、コバルト、銅、マンガン、亜鉛アミノ酸複合体、亜鉛、ヨウ素）、酸化防止剤（ローズマリー抽出物、ミックストコフェロール）

原産国／日本

アカナファミリージャパン

オリジン　シニア

素材と栄養バランスにこだわっている

総合栄養食

原料は肉、魚、野菜などで、穀類を使用していない「グレインフリー」の総合栄養食です。肉や魚は生もしくは乾燥したもので、ミールの使用はなく、人工保存料は不使用です。原料は、パピー、アダルト、シニアで同じなので、ライフステージごとに配合比を調節していると思われます。ただ、グレインフリーは手放しで肯定できないので、穀物アレルギーの犬用に限定したほうがいいでしょう。

原材料

新鮮鶏肉、新鮮七面鳥肉、新鮮イエローテイルカレイ、新鮮全卵、新鮮丸ごと大西洋サバ、新鮮鶏レバー、新鮮七面鳥レバー、新鮮鶏心臓、新鮮七面鳥心臓、新鮮丸ごと大西洋ニシン、ディハイドレート鶏肉、ディハイドレート七面鳥肉、ディハイドレート丸ごとサバ、ディハイドレート鶏レバー、ディハイドレート七面鳥レバー、丸ごとグリーンピース、丸ごとシロインゲン豆、赤レンズ豆、新鮮チキンネック、新鮮鶏腎臓、ピント豆、ヒヨコ豆、グリーンレンズ豆、レンズ豆繊維、天然鶏肉風味、鶏軟骨、ニシン油、粉砕鶏骨、鶏肉脂肪、七面鳥軟骨、乾燥ケルプ、フリーズドライ 鶏レバー、フリーズドライ 七面鳥レバー、新鮮丸ごとカボチャ、新鮮丸ごとバターナッツスクワッシュ、新鮮ケール、新鮮ホウレン草、新鮮カラシ菜、新鮮コラードグリーン、新鮮カブラ菜、新鮮丸ごとニンジン、新鮮丸ごとリンゴ、新鮮丸ごと梨、カボチャの種、ヒマワリの種、亜鉛タンパク化合物、ミックストコフェロール(天然酸化防止剤)、チコリー根、ターメリック、サルサ根、アルテア根、ローズヒップ、ジュニパーベリー、乾燥 ラクトバチルスアシドフィルス菌発酵生成物、乾燥 プロバイオティクス発酵生成物、乾燥 ラクトバチルスカゼイ発酵生成物

原産国／アメリカ

米国ブリーダーズ チョイス

アボ・ダーム　シニア

栄養バランスに優れたプレミアムフード

総合栄養食

アボカドを使用したプレミアムフード。旧製品に比べ、第1原料が乾燥チキンに変わり、善玉乳酸菌を多数配合されました。

そのほか、高齢犬の関節強化のために、鶏軟骨（コンドロイチン・グルコサミンの源）を使用しています。

ナチュラルフレーバーというのはおそらく天然由来香料だと思われますが、詳しく書かれていないのが少し不安です。

原材料

乾燥チキン、玄米、白米、オートミール、米糠、鶏脂肪、乾燥アボカド果肉、トマト繊維、亜麻仁、鶏軟骨（ｺﾝﾄﾞﾛｲﾁﾝ・ｸﾞﾙｺｻﾐﾝ源）、アルファルファ、ナチュラルフレーバー、オート麦糠、にんじん、乾燥ニシン、塩化カリウム、塩、海藻、ビタミン（塩化コリン、ビタミンE、ビタミンC、ビオチン、ナイアシン、パントテン酸カルシウム、ビタミンA、ビタミンB_2、ビタミンB1、ビタミンB_{12}、ビタミンB_6、ビタミンD_3、葉酸）、ミネラル（硫酸亜鉛、硫酸鉄、鉄アミノ酸キレート、亜鉛アミノ酸キレート、セレニウム酵母、銅アミノ酸キレート、硫酸銅、硫酸マンガン、マンガンアミノ酸キレート、ヨウ素酸カルシウム）、アボカドオイル、ローズマリーエキス、セージエキス、パイナップル、ラクトバチルス・アシドフィルス、ラクトバチルス・カゼイ、ビフィドバクテリウム・サーモフィラム、エンテロコッカス・フェシウム

原産国／アメリカ

アイリスオーヤマ

ヘルシーステップ

13歳からのシニア用　角切りチキン&野菜・ささみ入り

低価格な中国製フード　総合栄養食

主原料は肉類のみで、野菜類は原形をとどめたグリーンピース、ニンジン、コーンが入っています。粉砕されていないのは見た目に訴えるためで、消化性は悪いです。合成保存料、着色料は無添加ですが、見た目をあざやかにする発色剤が添加されています。中国製でかなり価格が安く、信頼性に疑問。

原材料

肉類（鶏肉・牛肉・鶏ささみ）、でん粉類、野菜（にんじん・グリーンピース・コーン）、小麦粉、植物性たん白、食塩、食物繊維、グルコサミン、コンドロイチン、グリセリン、増粘多糖類、ミネラル類（Ca・K・Fe・Mn・Zn・I）、ビタミン類（A・B_1・B_2・B_3・B_{12}・D_3・E・パントテン酸・コリン）、着色料（ベニコウジ色素）、発色剤（亜硝酸Na）

原産国／中国

いなば

とろみ 11歳からのとりささみ

主食ではなく、食欲不振やごほうびに

一般食

他のとろみシリーズと異なり、増粘多糖類でなく、ただのでん粉を使っています。シンプルで安全性の高いただのでん粉であれば好材料です。とろみシリーズから選ぶならこの製品にしておくといいでしょう

このフードをそえないとどうしても食が進まないとき、もしくはごほうびとして与えるのが使用法としてはよいでしょう。

原材料

鶏肉（ささみ）、でん粉、名古屋コーチンエキス、オリゴ糖、ビタミンE、紅麹色素、緑茶エキス、カロテノイド色素

原産国／日本

マースジャパン

ペディグリーパウチ 11歳から用 ビーフ&緑黄色野菜

発色剤の使用でクオリティダウン

総合栄養食

滅菌包装になっているため、防腐剤は使用していません。ただし、フードをあざやかに見せるために、不安な添加物のポリリン酸（発色剤）を使用しています。それにより、クオリティを下げている印象も。

このフードは、消耗性疾患や老齢化により著しく食欲が落ちているときに、食欲増進とエネルギー補給が必要なときに与えるのがよいでしょう。

原材料

肉類（チキン、ビーフ）、野菜類（にんじん、いんげん、じゃがいも）、植物性タンパク、食物繊維、植物性油脂、ビタミン類（B_1、B_2、B_6、B_{12}、C、E、K、コリン、ナイアシン、パントテン酸、ビオチン、葉酸）、ミネラル類（Ca、Cl、Fe、I、K、Mg、Mn、Na、P、Zn）、アミノ酸類（タウリン、メチオニン）、増粘安定剤（加工でん粉）、増粘多糖類、着色料（カラメル、酸化鉄）、ポリリン酸Na、EDTA-Ca・Na

原産国／タイ

日本ヒルズ・コルゲート

サイエンス・ダイエット シニア　ビーフ　7歳以上　高齢犬用

犬の安心と安全を考えたフード

総合栄養食

着色料に酸化鉄が使われています。酸化鉄自体は、食べても犬の体に毒性はないものなので安心です。

このフードは犬の健康と安全に比重を置いて製造しているため、飼い主にとっては見た目とにおいがおいしくなさそうに感じられます。人間目線でおいしそうに見せるよりも、犬の体を考えたフードづくりに、メーカーのこだわりがうかがえます。

原材料

ビーフ、大麦、トウモロコシ、ポーク、コーングルテン、ホエー、ビートパルプ、チキンエキス、植物性油脂、着色料（酸化鉄）、ミネラル類（カルシウム、リン、ナトリウム、カリウム、クロライド、銅、鉄、マンガン、亜鉛、ヨウ素）、ビタミン類（B_1、B_2、B_6、B_{12}、C、D_3、E、ベータカロテン、ナイアシン、パントテン酸、葉酸、ビオチン、コリン）、アミノ酸類（タウリン、リジン）

原産国／アメリカ

日本ペットフード

ビタワン グー

鶏ささみ 15歳以上用

ローコストでおいしい半流動食

中国製からタイ製になりましたが、原材料の構成に大差はありません。

老犬向けの半流動食としての価値があります。ペースト状で、病院で使われる通常の注射ポンプの先端を通過します。

においも味も良好で、あまりコストがかけられない場合には、頼れるフードです。ただし、口の中に相当のカスが残るので、なるべく食事後にはすすいであげてください。

総合栄養食

原材料

鶏ササミ、大豆タンパク、鶏レバー、植物性油脂、動物性油脂、糖類、増粘安定剤（加工でん粉、増粘多糖類）、ミネラル類、ビタミン類、アミノ酸類、pH調整剤、酸化防止剤（EDTA-Na）、グルコサミン、紅麹色素

原産国／タイランド

犬は嗅覚でおいしさを感じる

味を感じる味蕾(みらい)の数が少なくて味オンチ!? 人間とは違うおいしさ基準と、犬の食と臭いの関係に迫ります。

わたしたち人間は、食べ物を味わっておいしさを判断します。つまり、おいしさの基準は「味覚」です。では、犬はどうなのでしょうか。

現代に生きる犬は、ほとんどの場合、飼い主から新鮮な食事を与えられています。しかし、その昔、野生で暮らしていた時代の犬は違いました。獲物がほかの動物に取られてしまう前に食べなくてはならなかったため、食べ物が腐っていないか、食べてもだいじょうぶかを、瞬時に判断する必要があったのです。そんな過酷な状況のなか威力を発揮したのが、人間の数万倍ともいわれている「嗅覚」でした。

同じフードでも飽きない理由

犬は、においで食べ物の善し悪しをかぎ分ける力に長(た)けていますが、舌で食べ物の味を感じとる「味蕾」の数が少なく、人間の5分の1しかありません。味覚は、甘い、すっぱい、塩辛い、の3種類で、いわゆる味オンチです。

　ここからもわかるように、犬は味覚をおいしさの基準として重視していないので、同じ味を毎日飽きないで食べることができるのです。そのため、人間が食べるとおいしくないと感じるフードであっても、臭いさえよければ、犬にとっては「おいしいごはん」になります。でも、

甘い
すっぱい
塩辛い

毎日同じドライフードを食べさせていると、急に食べなくなることも。そんなときは、香りの異なるドライフードに切りかえるか、犬用のふりかけを活用すると、食いつきが復活することもあるので、試してみましょう。 
　犬が好むドッグフードの香りは、ウェットフード、セミモイストフード、ドライフードの順です。しかし、おいしさを優先したフードばかりを食べさせていると、ドライフードを食べなくなる可能性があります。老齢で歯が弱まるまではドライフードを食べさせて、健康な歯を維持しましょう。
　犬の「おいしい」と、人間の「おいしい」という感覚は違うことを理解して、愛犬が満足できる食生活を送らせてください。

エムズワン

愛犬満足

7歳からのシニア用　ビーフ&野菜　低脂肪タイプ

総合栄養食

野菜が粒のままで消化しにくい

野菜の使用を飼い主にアピールするために、形が残るように加工して入れてあります。野菜はある程度すりつぶした状態でないと、消化ができずにそのまま排泄(はいせつ)される可能性が高いので、これでは原料として入っていても意味がありません。

肉と野菜をおいしそうに見せるために、亜硝酸ナトリウムを発色剤として使用。製造品質に不安がある中国製です。

原材料

肉類（牛肉、鶏肉）、野菜（にんじん、コーン、グリンピース）、でん粉類、食塩、食物繊維、増粘安定剤（カラギナン）、発色剤（亜硝酸Na）、ビタミン類（A、B_1、B_2、B_3、B_5、B_{12}、D_3、E、コリン）、ミネラル類（Ca、K、Fe、Mn、Zn、I）

原産国／中国

デビフペット

シニア犬の食事
ささみ＆さつまいも

与える分量と与え方に気をつけて

総合栄養食

総合栄養食なのでバランスはとれていると思いますが、摂取量が体重３kgの犬で４缶と書かれているので、食が細い高齢犬の食事をこれだけでまかなうと量が多くなってしまいます。主食にするよりは、ドライフードに少し混ぜてあげる使い方がよいでしょう。保存料と着色料は不使用です。

さつまいもは胃であまり粉砕されないので、与える際はスプーンでつぶしてください。

鶏ささみ、さつまいも、鶏レバー、砂糖、大豆油、DHA含有精製魚油、グルコサミン塩酸塩、増粘多糖類、ミネラル類、ビタミン類

原産国／日本

マースジャパン

シーザー
11歳からの味わいチキン チーズ・パンプキン・野菜入り

チキン以外の肉の種類が不明なのが不安

総合栄養食

肉はチキン以外も入っているようですが、サイトに詳細がありません。食感を良くするための添加剤が入っており、積極的には推奨できません。

高齢犬は胃腸が弱いため、野菜の粉砕が粗い場合は、消化を助けるためにつぶして与えましょう。食いつきがよいフードなので、副食的な役割で使うのが望ましいと思います。

原材料

肉類（チキン等）、野菜類（かぼちゃ、ほうれん草）、チーズ、とうもろこし、食物繊維、ひまわり油、ガーリックパウダー、マリーゴールド、トマトパウダー、ビタミン類（B_1、B_5、B_6、B_{12}、C、D_3、E、コリン、葉酸）、ミネラル類（Ca、Cl、Cu、I、K、Mn、P、Zn）、タウリン、増粘多糖類、リン酸塩(Na)

原産国／オーストラリア

アニモンダ

フォムファインステン シニア

牛肉・豚肉・鳥肉

総合栄養食と同等の安全性の高さ

製造元のアニモンダはドイツの有名なペットフードメーカーで、人間が食べるのと同等の安全性の高い食材を使用しています。

合成着色料や保存料など、不必要な添加物は使用していないので安心。ただし同シリーズと併用する前提なので、これだけで栄養バランスが取れるわけではありません。

肉類（牛肉、豚肉、鳥肉）、ミネラル、ビタミンD_3、ヨウ素、銅、マンガン、亜鉛

原産国／ドイツ

エムズワン
愛犬満足
7歳からのシニア用　チキン&野菜 低脂肪タイプ

中国製の激安廉価フード

総合栄養食

商品名には「チキン&野菜」とありますが、第1原料は、鶏肉だけでなく牛肉も使われています。第2原料の野菜は、形がわかる大きさで入っているため、消化しにくいでしょう。低価格フードなので、使われているそれぞれの素材の品質が心配です。

また、発ガン性の恐れがある亜硝酸ナトリウムを発色剤として使用しています。

原材料

肉類（鶏肉・牛肉）、野菜（にんじん・コーン・グリンピース）、でん粉類、食塩、食物繊維、増粘安定剤（カラギナン）、発色剤（亜硝酸Na）、ビタミン類（A・B_1・B_2・B_3・B_5・B_{12}・D_3・E・コリン）、ミネラル類（Ca・K・Fe・Mn・Zn・I）

原産国／中国

愛犬生活へのアドバイス

フードの鮮度を保つための工夫あれこれ

ドッグフードは、封を開けると少しずつ鮮度が落ちていきます。ドライフードのなかには、大袋のなかに少量のフードを個別包装することで、劣化を抑える工夫をしている商品もあります。

個別包装の開封後は、密閉容器に移しかえて、直射日光の当たらないところで保存しましょう。

セミモイストフードとウェットフードは水分を含んでいるため、開封後はカビや腐敗が進行します。

開封後は密閉容器に移しかえて冷蔵庫で保存し、できるだけ早く食べさせてください。

また、ウェットフードは小分けしてラップや密閉容器に入れて冷凍し、レンジで解凍して与えるのもよいでしょう。

マースジャパン

ニュートロ　シュプレモ

子犬用　小粒　全犬種用

○

総合栄養食

子犬用ならではの工夫なし

旧版に比べ、チキン生肉・乾燥チキン・乾燥ラム肉がチキン・チキンミール・ラムミールに変わりました。しかし、表記上の変更かコストダウンか、ホームページに説明はなし。「ミートファースト」を掲げ、以前より高品質原料と合成添加物不使用で、ファンは多いですが、ミール系が多く使われています。その割には値段が高いのが気になります。子犬用ならではの差は見られません。

原材料

チキン（肉）、チキンミール、玄米、粗挽き米、鶏脂*、オーツ麦、ビートパルプ、エンドウタンパク、タンパク加水分解物、ラムミール、サーモンミール、じゃがいもタンパク、ひまわり油*、亜麻仁、フィッシュオイル*、ココナッツ、チアシード、乾燥卵、トマト、ケール、パンプキン、ホウレン草、ブルーベリー、リンゴ、ニンジン、ビタミン類（A、B_1、B_2、B_6、B_{12}、D_3、E、コリン、ナイアシン、パントテン酸、ビオチン、葉酸）、ミネラル類（カリウム、クロライド、セレン、ナトリウム、マンガン、亜鉛、鉄、銅）、アミノ酸類（メチオニン）、酸化防止剤（ミックストコフェロール、ローズマリー抽出物、クエン酸）
*ミックストコフェロールで保存

原産国／アメリカ

ロイヤルカナンジャポン

ユーカヌバ　スモールパピー

子犬用　小・中型犬用〜12ヶ月

総合栄養食

安定した品質の老舗メーカー

34ページで紹介したユーカヌバのシリーズです。この子犬用は特に問題のある成分はありません。老舗メーカーでドッグフードの定番の一つです。原材料の肉類は人間用品質のものを使用しており、肉副産物のクオリティも配慮がなされています。一時期には合成保存料が入っていたのですが、現在のバージョンでは使用されていません。

肉類（鶏、七面鳥）、とうもろこし、小麦、動物性脂肪、米、ビートパルプ、魚油（オメガ-3不飽和脂肪酸とDHA源）、大豆油（オメガ-6不飽和脂肪酸源）、酵母および酵母エキス、加水分解タンパク（鶏、七面鳥）、フラクトオリゴ糖、ミネラル類（Cl、K、Na、Zn、Mn、Fe、Cu、I、Se）、ビタミン類（A、D_3、コリン、E、パントテン酸カルシウム、ナイアシン、B_6、B_1、B_2、ビオチン、葉酸、B_{12}）、酸化防止剤（ミックストコフェロール、ローズマリーエキス）

原産国／ポーランド

日清ペットフード

jpスタイル　和の究み

小粒　12ヶ月までの子犬用

△

成長期のフードにしては穀類が多め

総合栄養食

原材料は植物質が多く、ミール、人間用食料の副産物でまかなわれていて、廉価フードの典型パターンの域を出ません。

あまり原料コストに響かない範囲で、原料をより細かく粉砕して消化性を高めたり、乳酸菌を配合しています。

また、合成保存料と着色料は無添加とするなどの努力の形跡は認められるため、廉価フード枠の中では評価できます。

原材料

中白糠、チキンミール、でんぷん、ビーフオイル、脱脂大豆、ホミニーフィード、ビートパルプ、ビール酵母、フィッシュオイル、チキンレバーパウダー、乾燥全卵、ミルクカルシウム、オリゴ糖、バチルスサブチルス（活性菌）、β-グルカン、脱脂米糠、N-アセチルグルコサミン、クロレラ、有胞子性乳酸菌、ミネラル類（カリウム、ナトリウム、塩素、銅、亜鉛、ヨウ素）、ビタミン類（A、D、E、B_2、B_{12}、パントテン酸、コリン）、酸化防止剤（ローズマリー抽出物）

原産国／日本

アース・ペット

ファーストチョイス

子いぬ離乳期〜1歳　妊娠後期〜授乳期　小粒　チキン

ダウングレードでコストダウン

不明

64ページのフードの子犬用です。しかし、これといった違いは見当たりません。国内ブランドのプレミアムフードとしては古株で、それなりに評価されているようです。価格も同等のフードにくらべれば安くなっています。

ただし、旧版パッケージに大きく書かれていた「鶏肉副産物不使用」が消え、成分表にたんぱく加水分解物が追加されました。コストを下げるためのダウングレードでしょう。

原材料

鶏肉、コーン、鶏脂、米、ビートパルプ、たん白加水分解物、魚油（DHA源）、乾燥全卵、大豆レシチン、酵母、全粒亜麻仁（オメガ3･6脂肪酸源）、乾燥トマト（リコピン源）、マンナンオリゴ糖、乾燥チコリ（イヌリン源）、ユッカ抽出エキス、タウリン、ビタミン類（A、D_3、E、C、B_1、B_2、パントテン酸、ナイアシン、B_6、葉酸、ビオチン、B_{12}、コリン）、ミネラル類（リン、ナトリウム、クロライド、カルシウム、カリウム、鉄、亜鉛、マンガン、セレン、ヨウ素）、酸化防止剤（ビタミンE）

原産国／カナダ

日本ヒルズ・コルゲート

サイエンス・ダイエット

パピー　チキン　子いぬ用～12ヶ月

離乳後まもない初期の使用におすすめ

総合栄養食

○

リニューアルで子犬缶はこのチキンだけになりました。野菜は細かく砕かれており、歯のそろっていない子犬でもパテ状になっています。原料はごくごく基本的なものを使用していて問題はなく、着色料には無害な酸化鉄を使っています。

ドライをよく食べるようになればあえて使わなくてもいいですが、初期にはこのようなウェット製品の使用も選択肢のひとつです。

原材料

チキン、トウモロコシ、大麦、大豆、ポーク、魚油、着色料（酸化鉄）、ミネラル類（カルシウム、リン、ナトリウム、カリウム、クロライド、銅、鉄、マンガン、セレン、亜鉛、ヨウ素）、ビタミン類（B_1、B_2、B_6、B_{12}、C、D_3、E、ベータカロテン、ナイアシン、パントテン酸、葉酸、ビオチン、コリン）

原産国／アメリカ

愛犬生活へのアドバイス

添加物＝悪、天然物＝安全は誤解！

添加物に分類されていても、その物質は昔から自然の食品にも入っているものだったり、科学の力で開発された新しい物質だったりします。添加物を恐れ、何も考えずに避けるのはよくありません。無害な物質、あるいはごくごくわずかに毒性の疑いがある、というレベルのものを神経質に排除すると、製品の安全性が確保できなくなります。

部分的に排除しても、現代人類の生活には化学物質だらけです。

添加物が無くても成り立つ、あるいは別の安全なもので置き換えられるのに、コストを優先して、安価で害があるかもしれない物質を採用している場合、避けるべき製品だと言えます。

そもそも、天然のものが安全で、合成物が危険だという先入観は誤りなのです。100％安全なフードはありません。だからこそ、製品に含まれる添加物は個別に評価し、なるべく安全なものを見極める必要があります。

マースジャパン

ペディグリー

子犬用　ビーフ&緑黄色野菜

原材料も添加物も、不安がいっぱい

総合栄養食

安値で市販されているウエットフードです。第1原料の肉類には、雑多な肉副産物が含まれている可能性があります。第2原料の野菜類はパッケージを見ると粉砕が粗く、形がわかる状態で入っているので、子犬の消化にやさしい加工とはいえません。

また、おいしそうに見せるための発色剤や、毒性が気になる添加物EDTA-Ca・Naを酸化防止剤として使用しています。

原材料

肉類（チキン、ビーフ等）、野菜類（にんじん、ほうれんそう）、米、食物繊維、ひまわり油、マリーゴールドミール、トマトパウダー、ビタミン類（B_1、B_6、B_{12}、C、D_3、E、コリン、パントテン酸、葉酸）、ミネラル類（Ca、Cl、Fe、I、K、Mg、Mn、P、S、Se、Zn）、アミノ酸（タウリン）、増粘多糖類、pH調整剤、EDTA-Ca・Na、発色剤（亜硝酸Na）

原産国／オーストラリア

マースジャパン

シーザー 2ヶ月からの子犬用 ビーフ　にんじん&たまご入り

原材料の加工が子犬に優しくない

総合栄養食

　原料にたまごを入れて栄養バランスと消化のよさをアピールしていますが、写真を見ると、にんじんといんげんは形がわかる状態で入っています。野菜の名が入る当シリーズの商品はすべて、この傾向があります。

　増粘多糖類は含みますが、全体としてはすごく悪い成分ではないです。与える場合は野菜をよく潰してからにしましょう。

原材料

肉類（ラム、ビーフ、チキン等）、野菜類（にんじん、いんげん）、米、ひまわり油、食物繊維、たまご、マリーゴールド、トマトパウダー、ビタミン類（B_1、B_5、B_6、B_{12}、C、D_3、E、コリン、葉酸）、ミネラル類（Ca、Cl、Cu、I、K、Mn、P、Zn）、アミノ酸類（グリシン、タウリン、メチオニン）、増粘多糖類、リン酸塩（Na）

原産国／オーストラリア

マースジャパン

ニュートロ　シュプレモ　子犬用

○

添加物不使用でも、原料の加工に不安

総合栄養食

15種類の厳選した食材を原材料としたパテタイプのフード。原料の野菜がどれだけ粉砕されているかで消化のしやすさが違います。このフードも潰してあげてください。着色料、保存料、香料、発色剤などの添加物を使用していないのは安心できます。カロリーケアシリーズのひとつで、単体で栄養は十分とされていますがドライとの混合をお勧めします。

チキン、チキンレバー、ニンジン、ホウレン草、トマト、ラム肉、サーモン、卵、玄米、ブルーベリー、亜麻仁、ひまわり油、ビートパルプ、オーツ麦、乾燥酵母、タンパク加水分解物、フィッシュオイル、ヤム芋、アルファルファ、クランベリー、アボカド、ザクロ、パンプキン、増粘多糖類、ビタミン類、ミネラル類、タウリン

原産国／アメリカ

ペットライン

メディコート

満腹感ダイエット　チキン味

原料の肉類が「ミール」なのが残念

総合栄養食

△

※AAFCO基準を満たしている、平均的なプレミアムフードといえるでしょう。理想体型をキープするために、低GI原料である小麦粉を使用し、脂肪分を約40%カット、カロリーを約20%カットしています。

体重の負荷に配慮してグルコサミン配合量を強化。穀類が第一原料、肉類はミールやパウダーを使用していて気になります。昨今のプレミアムフードに比べると見劣りします。

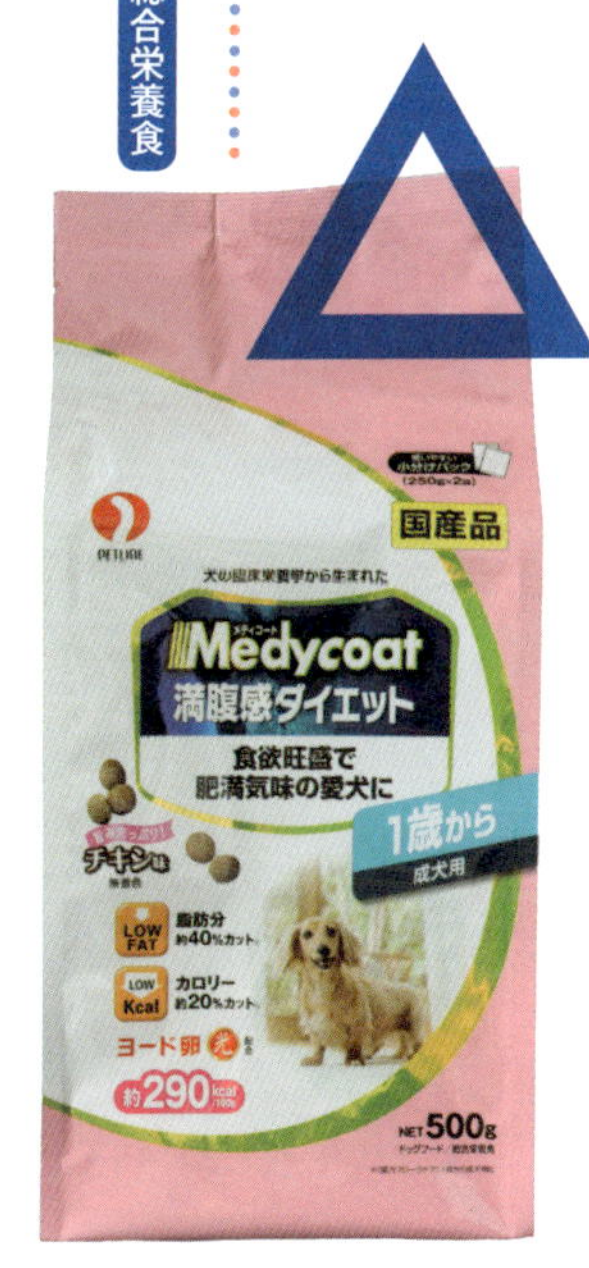

原材料

穀類(小麦粉、コーングルテンフィード、コーングルテンミール、小麦ふすま)、豆類(脱脂大豆、おから)、セルロース、肉類(ミートミール、チキンミール、チキンレバーパウダー)、油脂類(動物性油脂、共役リノール酸)、グルコサミン、糖類(フラクトオリゴ糖)、卵類(ヨード卵粉末)、セレン酵母、L-カルニチン、シャンピニオンエキス、ビタミン類(A、D_3、E、K_3、B_1、B_2、パントテン酸、ナイアシン、B_6、葉酸、ビオチン、B_{12}、C、コリン)、ミネラル類(カルシウム、ナトリウム、カリウム、塩素、鉄、コバルト、銅、マンガン、亜鉛アミノ酸複合体、亜鉛、ヨウ素)、酸化防止剤(ローズマリー抽出物、ミックストコフェロール)

原産国／日本

※AAFCOは「米国飼料検査官協会」の略称で、ペットフードの原材料表示や栄養基準についてのガイドラインを設定しているアメリカの団体。

マースジャパン

プロマネージ

皮膚・毛づやをケアしたい犬用

安価の穀物加工素材や合成保存料を使用

総合栄養食

　皮膚向けを掲げていることから、不飽和脂肪酸やビタミンが多めに含まれていることをアピールしています。ただし、主原料を見ると、配合比の1位は米。以下、ミール・エキス系の動物性タンパク、安価な穀物加工素材、食物繊維と続いています。

　さらに合成保存料も使用されており、いまどきのプレミアムフードに求められる基本的な水準は満たしていません。

原材料

米、サーモンミール、米粉、コーングルテン、さとうもろこし、鶏脂、チキンエキス、シュガービートパルプ、サンフラワーオイル、フラクトオリゴ糖、ビタミン類（A、B_1、B_2、B_6、B_{12}、D_3、E、コリン、ナイアシン、パントテン酸、葉酸）、ミネラル類（亜鉛、カリウム、カルシウム、クロライド、セレン、鉄、銅、ナトリウム、ヨウ素）、アミノ酸類（ヒスチジン、メチオニン）、酸化防止剤（ミックストコフェロール、ローズマリー抽出物、BHA、BHT、クエン酸）

原産国／オーストラリア

MSDアニマルヘルス

スペシフィック CKW 低Na-リン-プロテイン

高価で少量だが、それだけの価値が

療法食

建て前上は、一般の量販店で売られることのない、獣医師が処方するようなフードですが、現在ではそういった商品もネットで販売されているようです。

特定の疾患があるときに担当獣医師の指示で与えるものです。犬にとっておいしいフードで、他社の処方食より嗜好性が高いシリーズだと思います。CKWは腎不全、肝不全、心不全の犬のためのフードです。

デンマーク生まれの自然派ヘルスフード
SPECIFIC
www.specific-petfood.jp
ドッグフード
スペシフィック
CKW
低Na-リン-プロテイン
100g × 7缶

原材料

豚肉、米、トウモロコシ、小麦、魚油、卵、粉末セルロース、ミネラル類（Ca、K、Fe、Mn、Se、Zn)、サイリウム種皮、デキストロース、ビタミン類（VB_1、VB_2、VB_6、VB_{12}、ナイアシン、パントテン酸、ビオチン、葉酸、VD_3、VE、VK、塩化コリン)、タウリン、クエン酸、L-カルニチン、メチオニン、トリプトファン、増粘多糖類

原産国／デンマーク

ロイヤルカナン
ベッツプラン エイジングケア

一般の高齢犬向けの療法食

準療法食

療法食は、通常、特定の疾患をもつ犬に与えられますが、このフードは疾患をもつ犬向けではなく、一般の高齢犬向けの配合になっているのが特徴です。不安な酸化防止剤を使用しているのが気になります。当社は韓国に新工場が建ち、日本向け製品がフランス産から韓国産に切り替わってるので、注意しましょう。

△

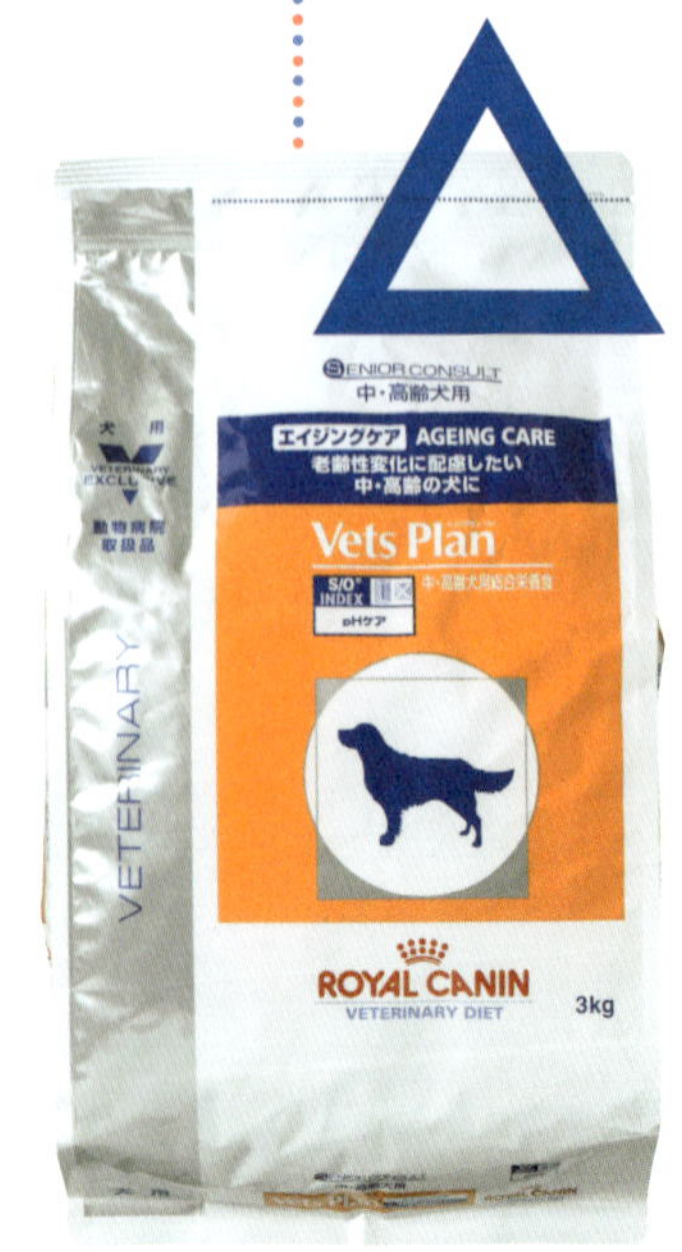

原材料

コーン、小麦、肉類（鶏、七面鳥）、植物性繊維、豚タンパク、動物性油脂、コーングルテン、加水分解動物性タンパク、超高消化性小麦タンパク（消化率90%以上）、チコリー、魚油、トマト（リコピン源）、大豆油、フラクトオリゴ糖、レシチン、ルリチシャオイル、緑茶とブドウエキス（ポリフェノール源）、アミノ酸類（L-チロシン、DL-メチオニン、タウリン、L-アルギニン、L-トリプトファン、L-カルニチン）、ポリリン酸ナトリウム、ミネラル類（Ca、K、Cl、Mg、Zn、Mn、Fe、Cu、I、Se）、ビタミン類（コリン、E、ナイアシン、C、パントテン酸カルシウム、B_6、B_1、B_2、葉酸、A、ビオチン、B_{12}、D_3）、保存料（ソルビン酸カリウム）、酸化防止剤（BHA、没食子酸プロピル）

原産国／フランス

愛犬生活へのアドバイス

○～△で迷ったら、食費を計算して比較しよう

本書内で○～△の印がついているドッグフードは、非常に層が厚く、個性的ではないものも多数含まれています。そのため、どのフードを購入するか、迷ってしまう飼い主さんもいると思います。

そんなときは、何種類かのドッグフードに絞り込んだあと、それぞれの愛犬の1カ月の食費を計算してみましょう。

ただし、いくら飼い主が熟慮しても、犬がそれを食べてくれなければ意味がないので、完全に一つに絞り込む前に、とりあえず順番に与えて食いつきを見た方がいいでしょう。

ネット通販サイトは量販店より価格が安くなっていることがありますが、相場より安いものは消費期限が迫っていたり、正規ルート品でないものは輸送中に高温にさらされて劣化が懸念されるものがあります。単品よりも複数買いのほうが、値引き幅が大きかったり、送料無料になったりすることもあります。うまく利用しましょう。

ロイヤルカナン

ロイヤルカナン 消化器サポート（低脂肪）ウェット缶

〇

ある種の消化器疾患に使用

療法食

主原料に豚肉を使用しています。消化不良による下痢、高脂血症などの症状が見られたときに、獣医師がすすめるものです。食物繊維がバランスよく入っていて、消化器の負担への配慮がされています。

このフードは療法食ですので、飼い主の判断で勝手に与えてはいけません。かならず、獣医の指示を仰いでください。

原材料

豚肉、米、コーン、鶏肉、コーンフラワー、セルロース、ビートパルプ、調味料（アミノ酸等）、加水分解酵母（マンナンオリゴ糖源）、魚油、マリーゴールドエキス（ルテイン源）、タウリン、増粘多糖類、ゼオライト、ミネラル類（Ca、Na、P、K、Zn、Fe、Cu、Mn、I）、ビタミン類（D_3、E、C、B_1、ナイアシン、パントテン酸カルシウム、B_2、B_6、葉酸、ビオチン、B_{12}）

原産国／オーストラリア

日本ヒルズコルゲート

プリスクリプション・ダイエット a／dチキン（特別療法食） 犬猫用

ペースト状の高エネルギーフード 療法食

体力消耗時や嚥下能力が落ちた犬用で、注射器ポンプの先を通るので強制給餌にもそのまま使えます。良質のタンパク質摂取のため主原料に、ポーク、ターキー、チキンを使用。おいしくて食べやすいペースト状で、体が元気になるよう、高エネルギーになっています。使用する場合、獣医と相談しましょう。

ターキー、ポーク、チキン、トウモロコシ、魚油、チキンエキス、ミネラル類、ビタミン類(ビタミンE、ビタミンC、ベータカロテン、他)、増粘安定剤（グァーガム)、アミノ酸類（タウリン）

原産国／アメリカ

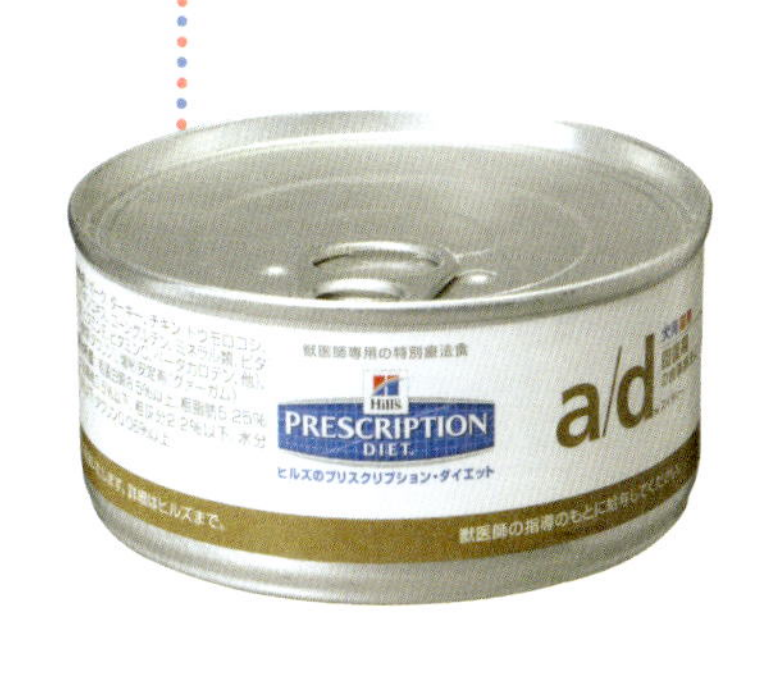

MSDアニマルヘルス

スペシフィック C-W 高消化性

原材料も成分バランスも、申し分なし

療法食

一般的に市販されているフードが胃腸に合わず、消化不良、下痢、大腸炎などの症状を起こしていると診断された場合に、獣医が処方します。いわゆる、おなかが弱い犬向けの療法食です。

主原料には、消化によい豚肉を使用。添加物は一切使用せず、成分的なバランスも整っている優れたフードということもあり、価格が少し高めになっています。

原材料

豚肉、トウモロコシ、米、鶏肉、ミネラル類（Ca、P、K、Na、Fe、I、Se、Mn、Zn、Cu）、卵、デキストロース、魚油、サイリウム種皮、グルタミン酸ナトリウム、酵母、クエン酸、ビタミン類（VB_1、VB_2、VB_6、VB_{12}、ナイアシン、パントテン酸、ビオチン、葉酸、VC、VD_3、VE、VK、塩化コリン）、ユッカ抽出物、ゼオライト

原産国／デンマーク

日本ヒルズコルゲート

プリスクリプション メタボリックス

小粒　ドライ

健康的な体重管理に特化した療法食

療法食

ぽっちゃりしている犬を適正な体重、そして体型にすることを目的とした療法食です。一般的なダイエットフードと比べて厳密に作られているので、単にフード量を減らすだけでは対応できない肥満犬に処方されます。

体重管理の処方食は複数出ていますが、微妙に使い方や目的が違います。獣医師の指導が必要なので独断で使用はしないでください。

原材料

小麦、トリ肉（チキン、ターキー）、コーングルテン、エンドウマメ、トウモロコシ、トマト、セルロース、トリ肉エキス、亜麻仁、動物性油脂、ビートパルプ、ココナッツ油、ポークエキス、柑橘類、ブドウ、ホウレンソウ、米、ニンジン、アミノ酸類（タウリン、メチオニン、リジン）、ミネラル類（カルシウム、ナトリウム、カリウム、クロライド、銅、鉄、マンガン、セレン、亜鉛、ヨウ素）、乳酸、ビタミン類（A、B_1、B_2、B_6、B_{12}、C、D_3、E、ベータカロテン、ナイアシン、パントテン酸、葉酸、ビオチン、コリン）、酸化防止剤（ミックストコフェロール、ローズマリー抽出物、緑茶抽出物）、カルニチン、リポ酸

原産国／オランダ

ロイヤルカナン　ジャポン

消化器サポート（低脂肪）ドライ

脂肪含有量を調整し、消化性も高い　療法食

消化器サポートの療法食には、「低脂肪」「高栄養」「高繊維」の3種類があります。胃腸の脂肪消化能力が低いと診断されたときに処方されるのが、この低脂肪療法食です。

犬の消化トラブルは、さまざまあります。そのため、3種の消化器サポート食のなかから素人判断でフードを決めて与えるのは、危険を招く恐れがあるのでやめてください。

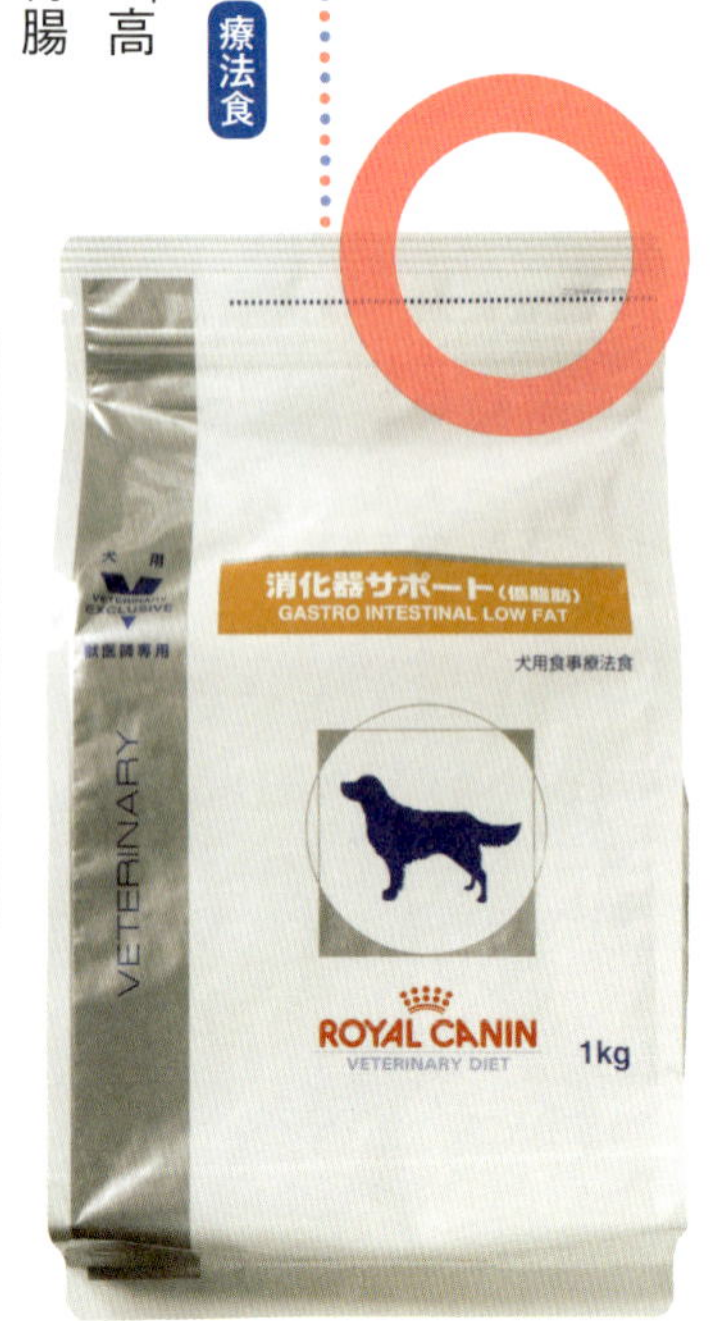

原材料

米、肉類（鶏、七面鳥）、小麦、大麦、加水分解動物性タンパク、ビートパルプ、動物性油脂、酵母、フラクトオリゴ糖、サイリウム、魚油、酵母エキス（マンノオリゴ糖含有）、マリーゴールドエキス（ルテイン源）、アミノ酸類（DL-メチオニン、L-リジン、タウリン）、ゼオライト、ミネラル類（K、Ca、P、Zn、Mn、Fe、Cu、I、Se）、ビタミン類（コリン、E、C、パントテン酸カルシウム、ナイアシン、B_6、B_1、A、B_2、ビオチン、葉酸、B_{12}、D_3）、保存料（ソルビン酸カリウム）、酸化防止剤（BHA、没食子酸プロピル）

原産国／フランス

愛犬生活へのアドバイス

必須脂肪酸で
愛犬の免疫力をアップさせよう

バランスのよいドッグフードを与えていても、「愛犬の食生活を今よりレベルアップさせたい」と思うときにおすすめなのが亜麻仁(あまに)油(ゆ)です。人間用とペット用のどちらでもかまいません。

犬は、必須脂肪酸（飽和脂肪酸、不飽和脂肪酸）を体内で生成できないので、食品から摂取する必要があります。与え方は、フードに適量かけるだけ。用法・用量は亜麻仁油のパッケージに表示されているのを守って与えてください。

亜麻仁油は、犬の皮膚状態と被毛のツヤ改善、免疫力アップ、生殖能力を高めるなどの効果があります。

最近は動物病院仕様の高性能品が出てきていますので、相談してみてもいいでしょう。

用法・用量は、人間の大人（60kg）、一日5cc程度とされていますので、犬の体重に合わせて調節します。犬の基礎疾患、体調に応じて増減することもあります。

愛犬生活へのアドバイス

無添加とオーガニックは過信しないほうがよい

犬のフードやおやつのなかには、パッケージに「無添加」と記されているものがあります。その表示を見て安心する気持ちはわかりますが、そもそも「無添加」が本当であれば、消費期間はごく短いはずです。

もし、消費期間がとても長く、開封後の保存方法などの注意点がパッケージに細かく記されていない場合は、「無添加」の表示を信じないのが賢明でしょう。

また、無添加と同じように安心感があるのが、オーガニック原材料を使用したフードです。しかし、原材料の品質に過度にこだわったフードはしばしば栄養学的な配合比率について無頓着なことがあります。素材レベルで優れていても最終的にはいまひとつな製品という場合も。選ぶときには気をつけてください。

PART 2 おやつ

さまざまな用途、素材、形状のおやつが販売されています。味や値段だけでなく、大きさなども含め総合的な判断を。

マースジャパン

グリニーズプラス 超小型犬用 ミニ

○

歯みがきの補助に

歯ブラシのような見た目と緑色が特徴的な、穀物が主原料の歯みがきガムです。食べる時に歯の表面をこすって研磨効果を出すということですが、歯が当たる部分以外には効果がありません。歯磨きは100%ガムなどに任せられないので、補助的に使ってください。

与えすぎは肥満を招くので注意が必要です。食いしん坊の子は喉に詰まらせることがあるので、よく見張ってください。

原材料

小麦粉、小麦タンパク、ゼラチン（豚由来）、セルロース、タンパク加水分解物、スペアミント、グリセリン、レシチン、ペパーミントフレーバー、ビタミン類（A、B_1、B_2、B_6、B_{12}、D_3、E、コリン、ナイアシン、パントテン酸、ビオチン、葉酸）、ミネラル類（カリウム、カルシウム、クロライド、セレン、マグネシウム、マンガン、ヨウ素、リン、亜鉛、鉄、銅）、着色料（スイカ色素、ゲニパ色素、ウコン色素）

原産国／アメリカ

ライオン
ペットキッス　植物ツイスティ
超小型犬用

歯垢除去よりも消化の速度が心配

米粉と大豆を主原料とした、緑色の歯みがきガム。パッケージには、独自のツイスト製法の形とセルロースの効果で、歯垢除去ができるとあります。消化所要時間が長いので、丸呑みさせないように注意してください。

これは口臭対策をメインにしていますが、中国製なのが不安です。同シリーズに国産の歯磨きガムもあるのでそちらを選びましょう。

原材料

米粉、大豆たん白、植物たん白加水分解物、マルチトール、ペパーミントエキス、パセリ、グリセリン、セルロース、ヘキサメタリン酸ナトリウム、クエン酸、着色料（銅葉緑素、二酸化チタン）、香料

原産国／中国

バイオ

牛のヒヅメ

破片が胃腸を傷つけることも

　ストレス発散や歯石除去効果をねらったもので、原料は牛のヒヅメのみ。天然素材を活かしたおやつなので、安心感があります。

　しかし、ひづめの破片を飲みこんでしまうと、ひどい場合は胃を傷つけることにもなりかねません。また、食べるのに時間がかかるため途中で放置することが多く、衛生面でも心配です。そういった点から考えても、進んで食べさせるのは控えたほうがよいでしょう。

牛のヒヅメ

原産国／アメリカ

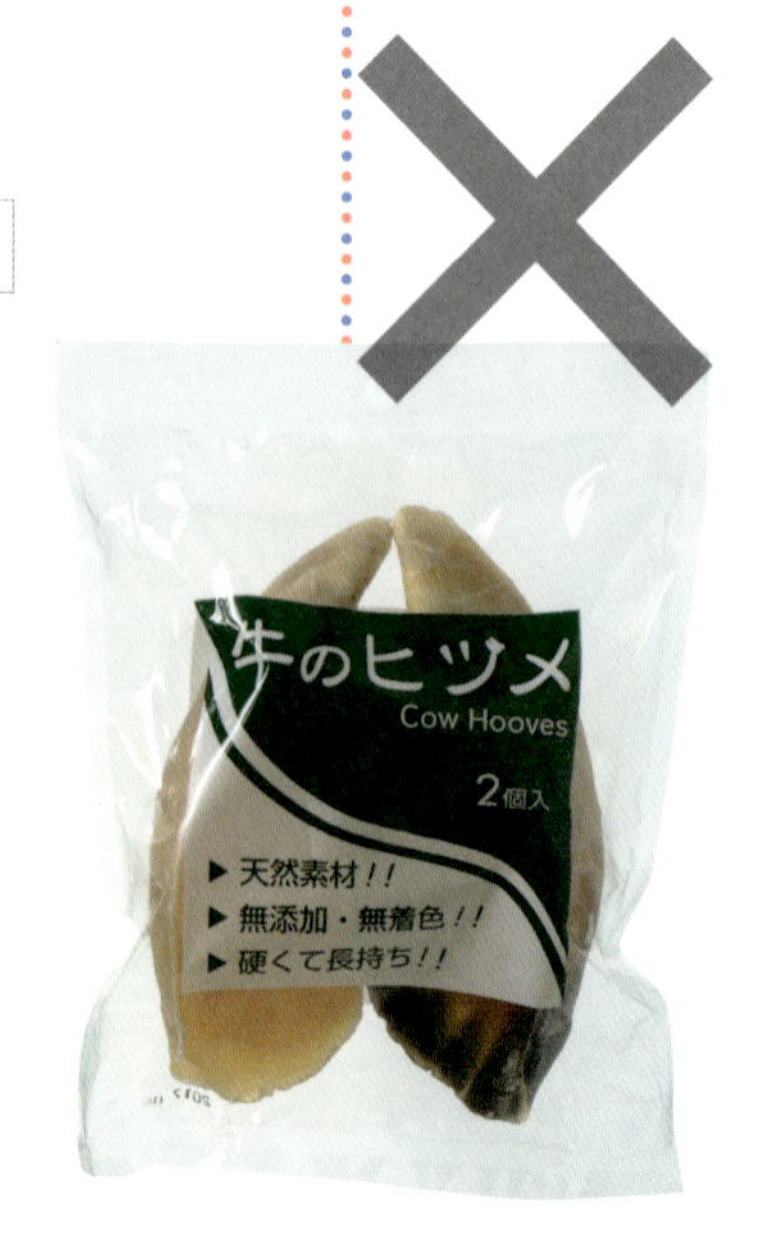

ネイチャーテイスト

鶏とさか

ヒアルロン酸による関節のサポート効果も

もともと人間が食べる国産ブロイラーが原料で、人間用クオリティの肉で、品質面は安心。茹でて乾燥させただけで添加物もなく、肉干物系のおやつとしてはよいほうです。

ヒアルロン酸が豊富で、これを経口摂取することで関節や皮膚へのサポート効果がいくらかは期待できます。また、ペラペラなので犬の口の大きさに合わせて切りやすいのも、評価できる点です。

原材料

北海道産鶏トサカ

原産国／日本

フォーキャンス

デンティ・スリーフェアリー

効果の期待は低く消化不良の可能性も

コンスターチが主原料の、食べられる歯みがきガムです。犬の口の中を考えた独特な形状がウリのようですが、ガムがうまく歯に当たるところにしか効果がないでしょう。

食べられる歯みがきガムはある程度砕けると、犬がそのまま飲み込んでしまう恐れがあります。消化不良につながるため、与える場合は十分注意してください。

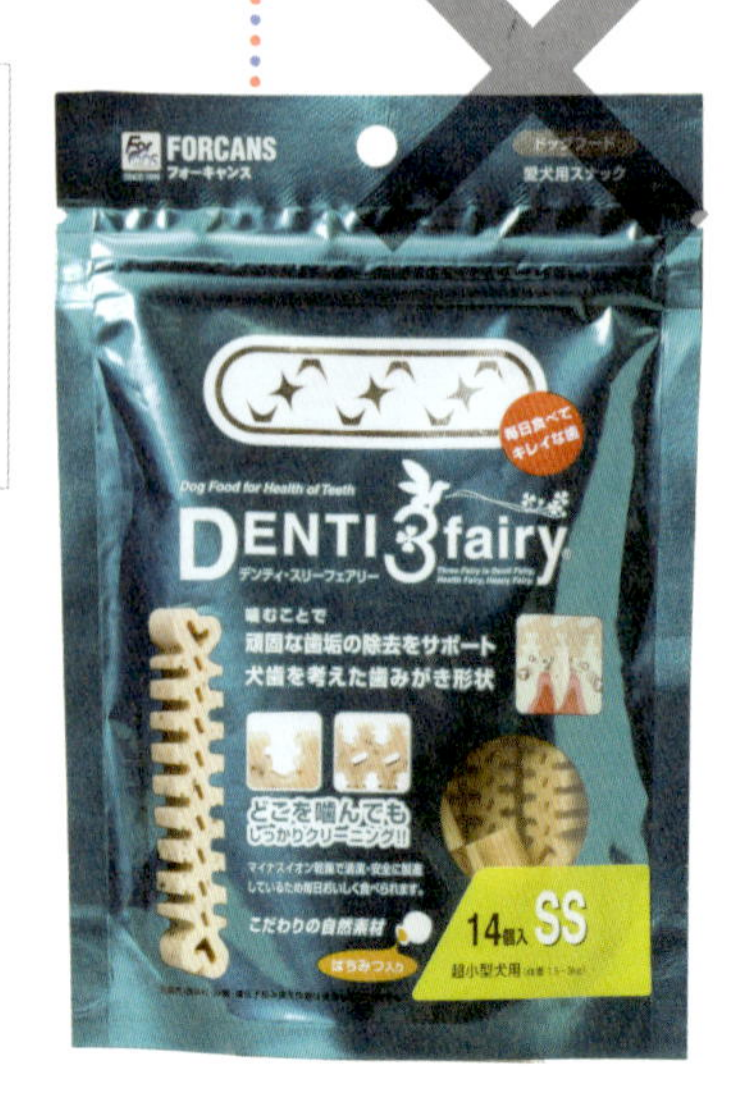

原材料

コンスターチ、マルチトール、イソマルトオリゴ糖、グリセリン、玄米、オートミール、ゼラチン、硬化油、食物繊維、天然グリーン色素、亜麻仁粉末、CMC-Na、モノグリセリド、パセリ、天然蜂蜜、食用香料（はちみつ、ミルク、ミント）、ビタミンB_1ラウリル硫酸、クロレラ、スクラロース、クエン酸亜鉛、ビタミンミックス（B_2,B_6,D_3,E）

原産国／韓国

サンライズ

ゴン太のサンライズミルキー

ミルク風味は添加物によるもの

歯みがき効果やストレス解消に効果的なガムで、主原料は穀類とコーンスターチです。国産なのは安心ですが、保存料を使用。ミルク風味は、乳類と香料によるものです。

ガムがある程度の大きさになると犬は飲み込んでしまうため、消化不良を起こす可能性も。もしものときにすぐ対処できるよう、食べている間は絶対に目を離さないでください。

原材料

穀類（とうもろこし等）、でん粉類、魚介類、乳類、ミネラル類（リン酸カルシウム）、香料、保存料（ソルビン酸カリウム）

原産国／日本

クライミング
ローハイドガム ボーンSS 7本

国産の自然素材使用でも消化に不安

原材料は国産の牛皮のみで、香料や保存料は不使用です。だからといって、安心して与えすぎてはいけません。

胃腸の丈夫な犬はよいですが、なかには下痢や嘔吐をくり返す犬や、ガムの結び目をかたまりのまま飲み込んでしまい、消化不良を起こして動物病院に駆け込むケースもあります。ガムは危険がつきものだということを、くれぐれも忘れないでください。

牛皮（国産）

原産国／日本

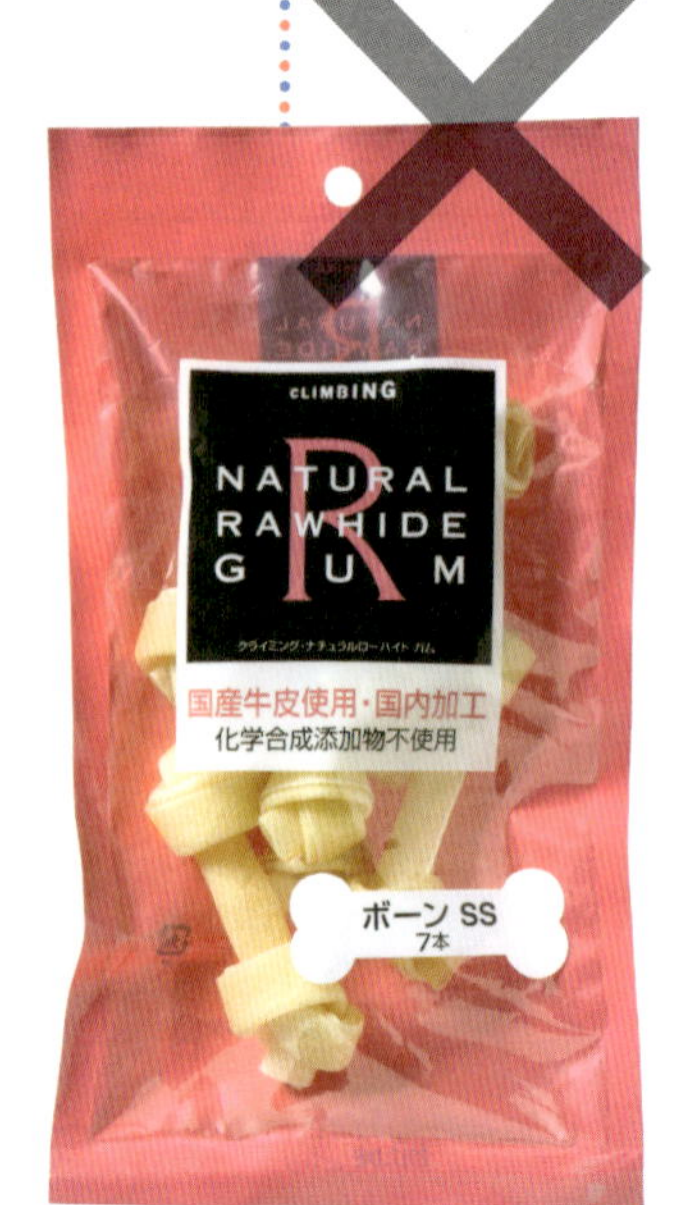

ペティオ

ササミ巻き　ガム

シンプル素材だけど原産国が中国

スティック状の牛皮のガムに鶏ササミを巻くことで、噛み心地と満足感をねらっています。食いつきのよいガムで、比較的シンプルな素材で作られています。

しかしこの手のガムは、胃腸が平均以上に丈夫な中～大型犬がよく噛んでよほど小さくして飲み込まないかぎり、消化不良の危険がつきまといます。また製造元は、与えるのに不安が大きい中国産です。

鶏ササミ、でんぷん類、たん白加水分解物、牛皮、グリセリン、増粘安定剤（CMC、キサンタンガム）

原産国／中国

ペッツルート

かりっと七面鳥

七面鳥が主原料の乾燥ガム

原材料は、七面鳥の筋肉のみ。着色料、保存料、発色剤などの添加物を使用していないのは安心できます。七面鳥の筋肉を乾燥させて作られたガムなので、もとが肉ということもあり、消化はよいでしょう。干物は完全乾燥しているように見えて水分が残っています。

特に無添加のものはあっという間にカビが生えますので開封後は冷蔵庫で保存し、早めに使い切ってください。

鳥筋肉（七面鳥）

原産国／日本

ドギーマン

エチケットガム クロロフィル入り

消化はよいが、口臭予防効果は期待薄

リニューアルにより、ベースがコーンスターチに変更された歯磨きガムです。一般的なものよりやわらかくできているので、顎の力が弱い子でも食べられます。

原産国が中国からベトナムに変わったのはいいことですが、合成着色料や各種添加物が入っているので、あまりおすすめはできません。他のガムと同じく、丸呑みや消化不良に注意する必要があります。

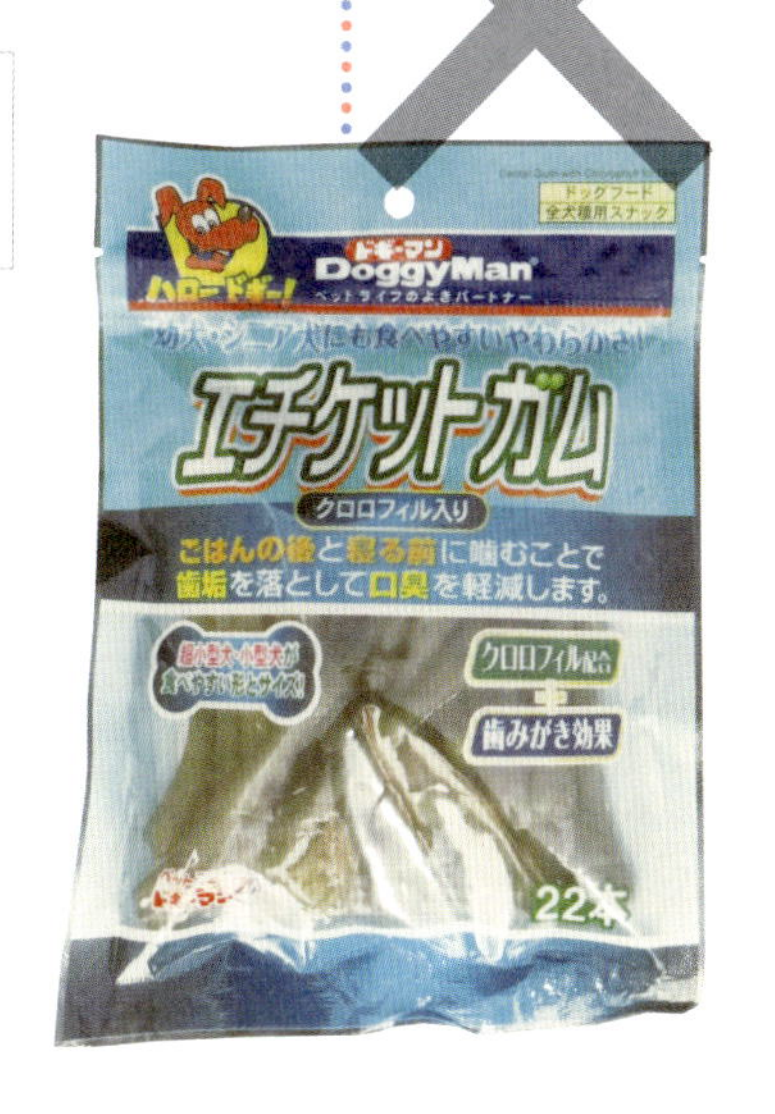

原材料

コーンスターチ、豚ゼラチン、カゼイン、グリセリン、ソルビトール、保存料（ソルビン酸カリウム）、香料、クロロフィル、着色料（黄4、青1）

原産国／ベトナム

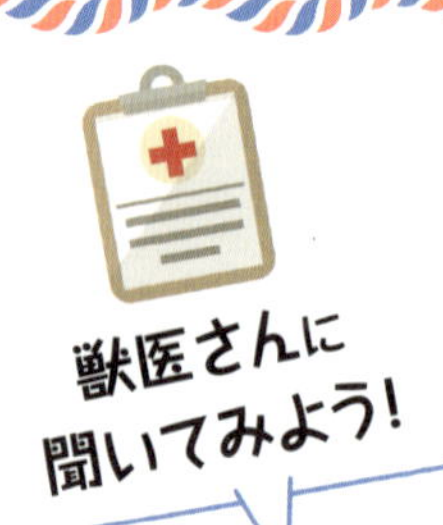

犬のおやつを見直そう

おやつは添加物が多めで、さらには肥満の要因となります。犬の健康を守るためにも、おやつの与え方について考えてみましょう。

成長段階に合わせた総合栄養食のドッグフードと水を与えてさえいれば、必要な栄養とカロリーを摂取することができます。健康面からいえば、おやつは与える必要はないものなのです。

おやつを与えるのは、飼い主と犬とのコミュニケーション手段のひとつという考えもあります。また、「犬もわたしたち人間と同様に、食間におなかがすくのでは」「フードをあまり食べないから、そのかわりに」「おやつをおいしそうに食べる姿を見たい」など、飼い主の思いはさまざまです。

以上のような理由から、犬用のクッキーやジャーキーを、おやつとして与えている人は多いと思います。

おやつを与える前に、カロリー管理を重要視してください。そして、フード以外の食べ物を犬に与えればどうしてもカロリーオーバーとなるため、肥満になる可能性が高まることを理解しましょう。

フードをおやつがわりにする

おやつのパッケージには、1日に与える量の目安が書かれています。しかし、数種類のおやつを与えていると、気づいたときにはおやつでおなかいっぱいになってしまうこともあります。また、家族が自分勝手に犬におやつを与えていると、間違いなく太らせてしまいます。

たとえば、1日に1枚の犬用クッキーを与えるとします。しかし、家族それぞれが自由に与えていては、カロリー管理ができません。そうならないように、曜日ごとに担当を決めるなどして、おやつの与えすぎから犬を守りましょう。与えるおやつは1種類にして、与え方のルールを決めてください。

また、〝おやつ＝犬用のクッキーやジャーキー〟などという考え方を少し変えるのも、肥満予防の方法のひとつです。1日に与えるフードのなかから数粒を分けておいて、「おやつ」として与えます。そうすれば、栄養面も問題なく、1日に必要な摂取カロリー内におさめることが可能となります。

オーシーファーム

牛皮ガムS ナチュラル

国産原料と添加物不使用の安心おやつ

商品名は牛皮ガムですが、一般的なガムのように噛むことを楽しむものではなく、噛み砕いて食べることができるのが特徴です。

牛皮破片と小麦粉を混ぜて圧縮成形加工しているものなので、スナック系のおやつという認識のほうがよいでしょう。

原材料はすべて国産のものを使用していて、添加物も一切入っていないので、安心して与えることができます。

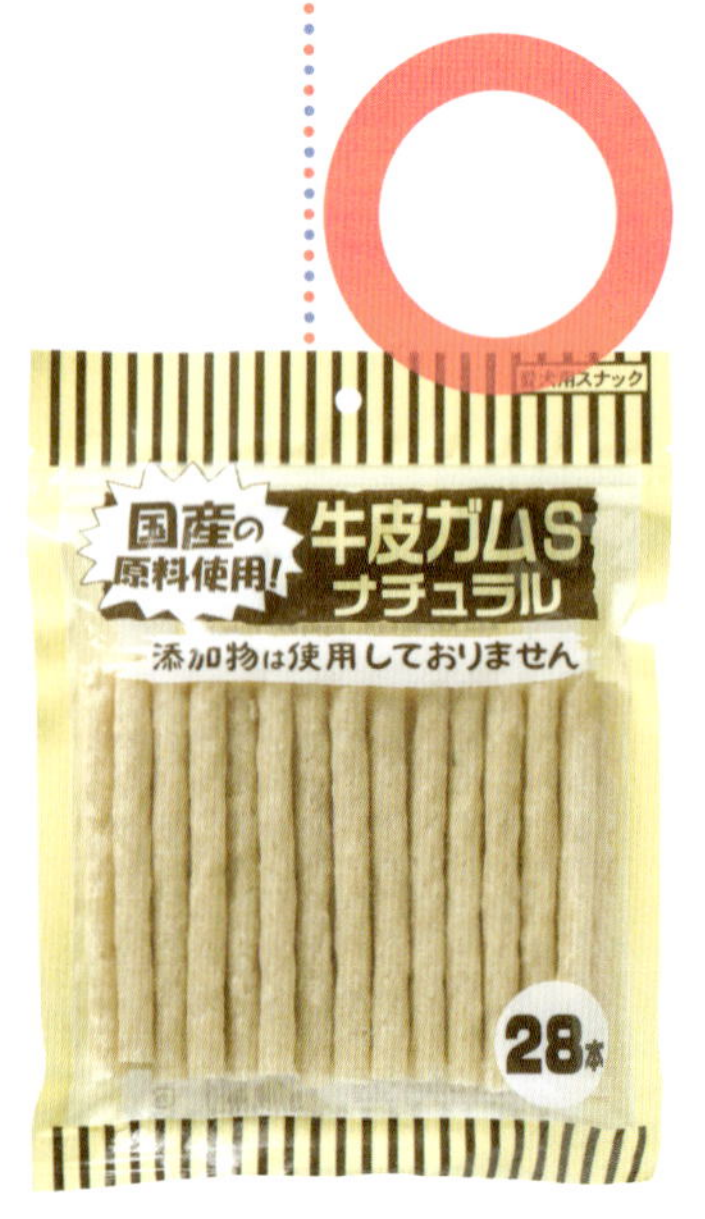

原材料

牛皮、国産小麦粉

原産国／日本

マルジョー&ウエフク

愛犬チューインガム・ホワイトガム

骨型　特大

白色を買う際は要注意

牛皮ガムは飴色と白色のものがあり、後者の方が上等とされています。しかし飴色牛皮を漂白し偽装した製品があり、犬がお腹を壊した例があります。白色を買う場合は実績のあるメーカーから選びましょう。安くて大きいものが欲しい場合、同社の姉妹品にあるほぼ同じ価格の飴色ガムがよいでしょう。

原産国／中国

九州ペットフード

おいしいもちもちガム お芋入り

△

添加物で作られた特別な食感

もちもちした食感が楽しめるガムというのが、ウリになっています。ほかのガムとの差別化はできていますが、それはあくまでも人間目線でのことです。犬がもちもちした食感に興味を示すかというと、とくに何も感じないでしょう。

特別な食感は、さまざまな添加物により作られています。目新しさはあっても、犬の健康を脅（おびや）かす可能性があります。

原材料

小麦粉、脱脂大豆、肉類（チキン）、パン粉、さつまいも、ビーフパウダー、米粉、加工でん粉、グリセリン、砂糖、プロピレングリコール、トレハロース、植物性油脂、D-ソルビトール、食塩、pH調整剤、香料、重曹、調味料、リン酸塩（Na、K）、保存料（ソルビン酸）、酸化防止剤（抽出ビタミンE、ビタミンCナトリウム）

原産国／日本

ドギーマン

ドギースナック バリュー ミルク味のデンタルガム

△

すぐ飲み込むので効果は？

牛皮のおしゃぶりのように見えますが、噛むとあっさりと折れて、すぐに飲み込まれてしまいます。コラーゲン繊維が歯垢を物理的に除去すると書かれていますが、歯磨き効果を期待するには咀嚼時間が短すぎます。

歯周病菌の生産する酵素を抑制する「グロビゲン配合」と書かれていますが、すぐ飲み込んでしまうため、口にどれだけ残るのか…、期待し過ぎないほうがよさそうです。

原材料

牛皮（コラーゲン含有）、でん粉類、卵黄粉末（グロビゲン）、プロポリス、膨張剤、増粘多糖類、プロピレングリコール、保存料（ソルビン酸カリウム）、着色料（酸化チタン）、香料

原産国／日本

愛犬生活へのアドバイス

おいしいだけじゃない！おやつには危険が隠れている

犬のおやつは、クッキー系、ジャーキー系、ガム系というように、いくつかのグループに分けられています。なかでもガム系は食べてお腹を満たすほかに、ストレス解消や歯磨き効果を目的としたものです。これらはいっけん、お役立ち度が高いおやつと思われるかもしれませんが、消化がよくないため、胃腸のトラブルを起こす可能性があります。

歯みがきは歯みがきグッズを使い、ストレスは運動で発散するのが基本です。おやつは安全基準の徹底が難しく、不安な添加物も多く使用されています。

少しでも不安があるおやつは、与えないようにしましょう。

サンライズ

ゴン太のおすすめササミジャーキー

×

パッケージで原産国の確認を

鶏肉を主原料とした、一般的なささみジャーキーです。原産国が中国産と国産の2種類ありますが、パッケージに表示されているので、よく見て確認しましょう。

最近では、中国での工場も衛生管理が強化されましたが、それでもササミジャーキーを与えたい場合は、添加物が使われていない国産の鶏ささみを選んだ方がよいでしょう。

原材料

肉類（鶏ササミ等）、でん粉類、豆類、糖類、増粘安定剤（ソルビトール、グァーガム）、ミネラル類（塩化ナトリウム）、pH調整剤、保存料（ソルビン酸カリウム、デヒドロ酢酸ナトリウム）

原産国／中国

アイシア
こだわりビーフジャーキー

添加物で見た目を演出

国産のビーフジャーキーですが、主原料は牛肉のほかに、鶏肉も含まれています。気になるのは、原材料が「胸肉」ではなく「胸肉等」となっている点です。ささみと胸肉以外の部位も含まれていることが予測されます。

また香料や着色料が入っていて、風味が演出されています。原産国だけを見て安心してしまわないよう、気をつけましょう。

牛肉、鶏肉（ささみ、胸肉等）、小麦粉、食塩、オリゴ糖、加工でん粉、ソルビトール、乳酸Na、酸化防止剤（エリソルビン酸Na）、保存料（ソルビン酸）、ピロリン酸Na、香料、ビタミンE、発色剤（亜硝酸Na）、着色料（赤色106号）

原産国／日本

デビフペット

若鶏の軟骨ジャーキー

使い勝手が悪く添加物も不安

ジャーキーというものの、ほぼ茹でただけの硬さです。旅行時に携帯できるとありますが、ウェットのおやつは臭いが漏れ、指も汚れます。地面に落ちるとゴミがつくので、持ち出すのには向きません。食塩は少量で、健康への影響は心配ありませんが、プロピレングリコール、ソルビン酸K、亜硝酸Naなどの添加剤が入っています。

鶏軟骨（コラーゲン含有）、ビーフエキス、食塩、グリセリン（植物性）、プロピレングリコール、保存料（ソルビン酸K）、酸化防止剤（ビタミンC）、発色剤（亜硝酸Na）

原産国／日本

ドゥ・ロイヤル

ドライソーセージ ササミ

×

余計な添加物が使われている

脂肪分は0・5%で、ほぼササミ肉でできています。パッケージ写真からわかるように、酒好きのお父さんの心を刺激して財布のひもをゆるませる作戦でしょう。

この手の半生加工食品は開封したあと一気に食べきらないため、腐敗防止用の添加物を必要とします。また、特有の食感を調整するために余計な添加物が使われています。

ササミ、小麦粉、小麦蛋白、脱脂大豆、海洋深層水、食塩、乳清、オリゴ糖、共役リノール酸、エゴマ油、グルタミン酸Na、湿潤剤（ソルビトール、グリセリン）、pH調製剤（リン酸Na、DL-リンゴ酸、フィチン酸）、PG、酸化防止剤（エリソルビン酸Na、V.C、V.E）、保存料（ソルビン酸K）、発色剤（亜硝酸Na）

原産国／日本

ドギーマン

シーフードジャーキー まぐろ

魚の栄養と、たくさんの添加物入り

まぐろすり身を主原料とした、小さめのジャーキー。水分が30％と高めなので、開封後の劣化の進行を遅らせるために、保存料が多めに使われていることが予想されます。

保存料、着色料などの添加物をひと通り使用。そのため、DHAやEPAなど魚の栄養といっしょに、多くの添加物も体内に摂取されてしまうので注意が必要です。

原材料

マグロ、植物性たん白、タピオカでん粉、ゼラチン、糖類、植物油脂、小麦グルテン、ソルビトール、グリセリン、ミネラル類（ナトリウム）、食用色素（赤106）、保存料（ソルビン酸、デヒドロ酢酸ナトリウム）、ポリリン酸ナトリウム、くん液、膨張剤、発色剤（亜硝酸ナトリウム）

原産国／日本

ドギーマン

ヘルシーエクセル ササミ&野菜ジャーキーフード

不安な図式の総合栄養食ジャーキー

総合栄養食

総合栄養食の認定を受けていますが、一般的なジャーキーと同じように、着色料、保存料などの添加物を多く使用しています。

緑色のジャーキーも含まれていますが、これは着色料によるもの。粗悪な原材料と大量の添加物入りということを考えると、毎日のフードがわりに与えるのは不安です。

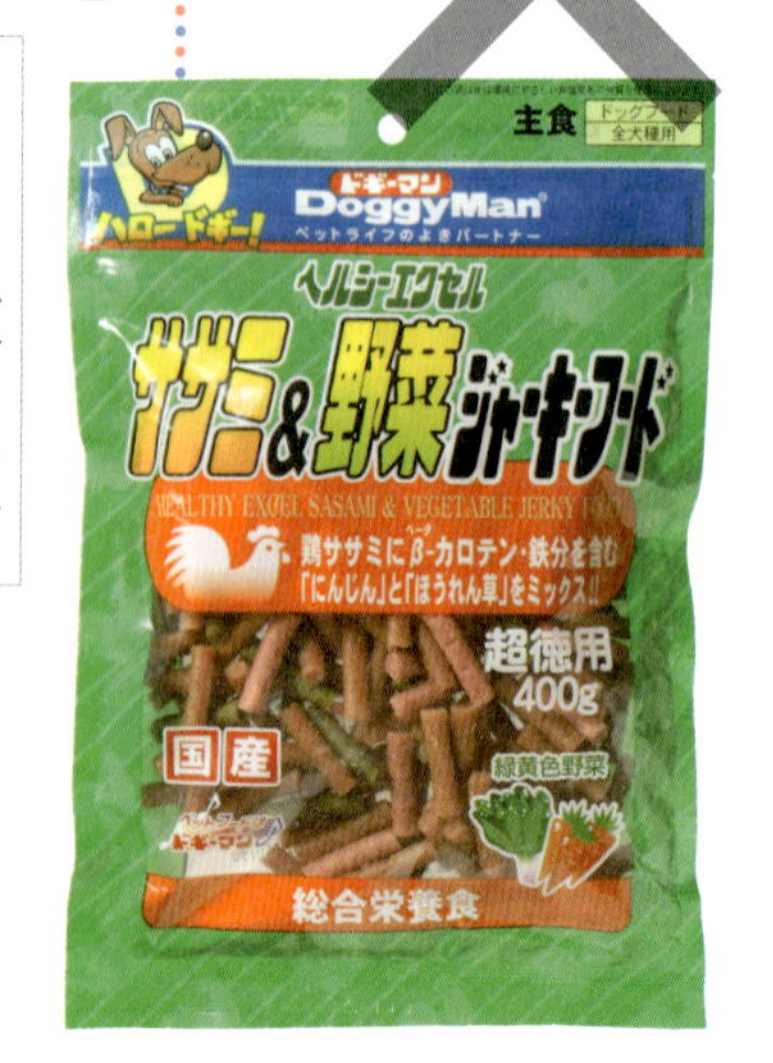

原材料

肉類(鶏肉、鶏ササミ)、小麦粉、植物性たん白、パン粉、糖類、植物性油脂、脱脂大豆、ビール酵母、にんじん、ほうれん草、ソルビトール、ミネラル類(カルシウム、ナトリウム、亜鉛、ヨウ素)、プロピレングリコール、ビタミン類(A、B_1、B_2、B_6、B_{12}、D_3、E、ナイアシン、パントテン酸)、食用色素(赤106、黄4、青1、二酸化チタン)、保存料(ソルビン酸、デヒドロ酢酸ナトリウム)、膨張剤、ポリリン酸ナトリウム、pH調整剤、くん液、発色剤(亜硝酸ナトリウム)

原産国/日本

ペティオ

極細ビーフジャーキー

ビーフ味なのに、牛より鶏を多く使用

細さとやわらかさが特徴のジャーキーで、小さな犬や高齢犬も食べやすいように、回数を分けて与えられるのがウリ。商品名はビーフジャーキーですが、主原料は肉類（鶏・牛）となっているので、鶏のほうが多く使われていることがわかります。

着色料は不使用ですが、保存料や酸化防止剤など、不安な添加物を使用しています。

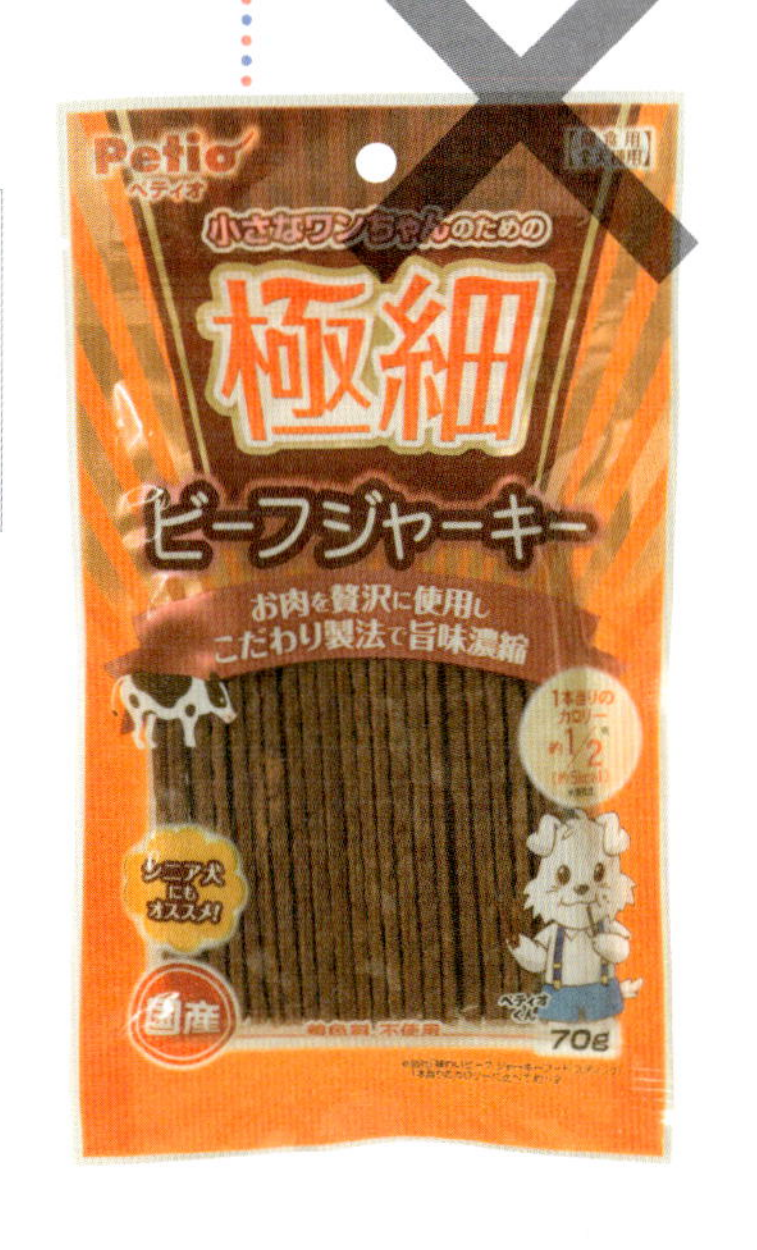

原材料

肉類（鶏・牛）、小麦粉、脱脂大豆、白身魚、小麦たん白、豚血液、エンドウたん白、食塩、ソルビトール、グリセリン、プロピレングリコール、リン酸塩（Na）、保存料（ソルビン酸K）、酸化防止剤（エリソルビン酸Na）、pH調整剤、発色剤（亜硝酸Na）

原産国／日本

ペティオ

極細ササミジャーキー

着色料不使用でも、ほかの添加物は使用

小さな犬でも食べられるように、細く、やわらかくつくられているジャーキー。主原料の肉類（鶏、鶏ササミ）は、使用部位が具体的に書かれていて安心です。１本あたりのカロリーは少ないですが、与えすぎに注意を。

着色料不使用をパッケージに表示して安心感をアピールしていますが、保存料、酸化防止剤などの添加物を使用しています。

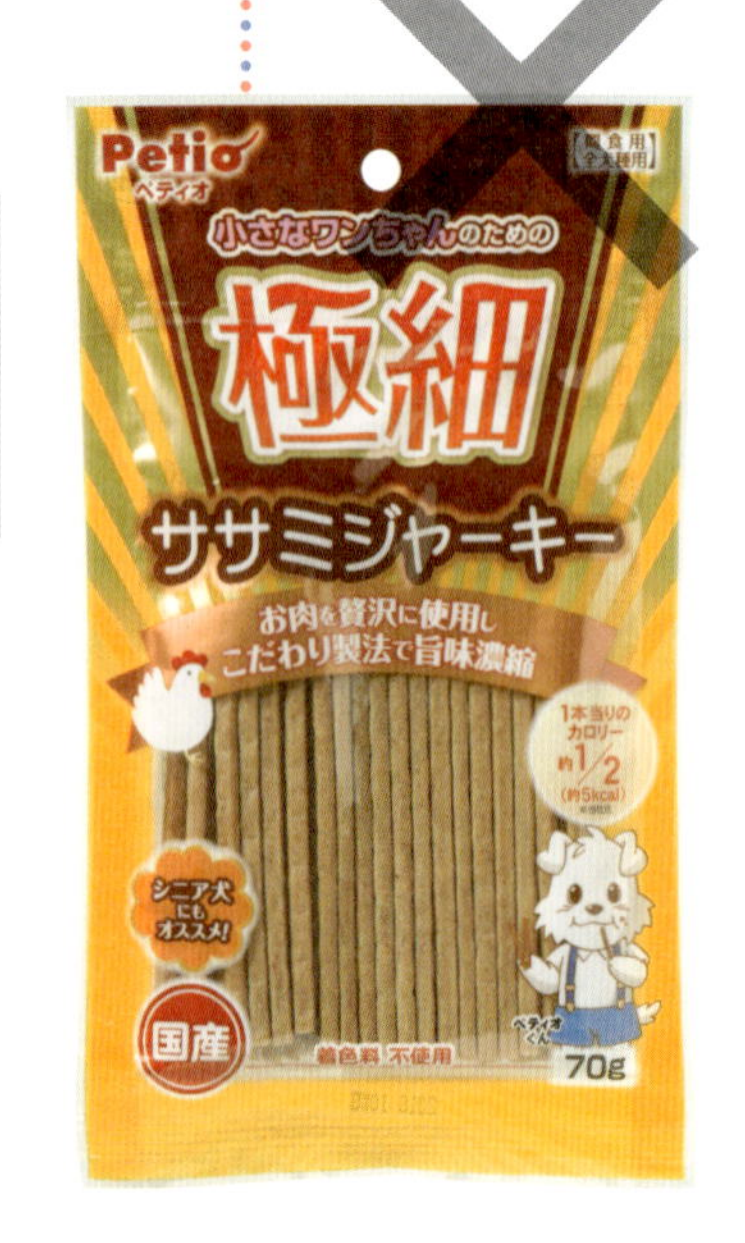

原材料

肉類（鶏、鶏ササミ）、小麦粉、脱脂大豆、小麦たん白、エンドウたん白、食塩、ソルビトール、グリセリン、プロピレングリコール、リン酸塩（Na）、保存料（ソルビン酸K）、酸化防止剤（エリソルビン酸Na）、pH調整剤、発色剤（亜硝酸Na）

原産国／日本

北海道ベニスン

エゾ鹿ジャーキー カットタイプ

エゾ鹿が主原料の、一般的なジャーキー

北海道では、エゾ鹿が増えすぎたことによる森林被害が問題となっています。そこで、その問題を少しでも改善するためにと製品化されたのが、このジャーキーです。

鹿肉の有効活用に協力したい場合、製造工程で様々な添加物が加えられたものではなく、無添加の製品が存在するのでそちらのほうがいいでしょう。ただし、当然ながら価格は高くなります。

えぞ鹿肉、小麦粉、大豆たん白、小麦グルテン、食物繊維、食塩、ビタミンE、ソルビトール、プロピレングリコール、GDL、ポリリン酸Na、乳酸、保存料（ソルビン酸K、デヒドロ酢酸Na）、酸化防止剤（エリソルビン酸Na）、発色剤（亜硝酸Na）

原産国／日本

愛犬生活へのアドバイス

おやつ＋フードで考える力をアップする

「コング」は、不規則に転がるおもしろさと、天然ゴム100％の丈夫な素材が人気のおもちゃです。サイズはXS～XLまであるので、犬の年齢や体の大きさに合わせて選ぶことができます。

コングは転がして遊ぶほか、空洞部分にチューブペーストやウェットフード、犬用ビスケットなどを入れることにより、しつけへの活用も可能です。また、噛むことによるストレス解消や、あごを鍛えるのにもおすすめ。

コングのほかにも、おやつを使用する知育玩具が販売されています。考えて遊ぶおもちゃは幅広い年齢の犬の脳の活性化にも効果的です。使用の際は、かならず見守るようにしてください。

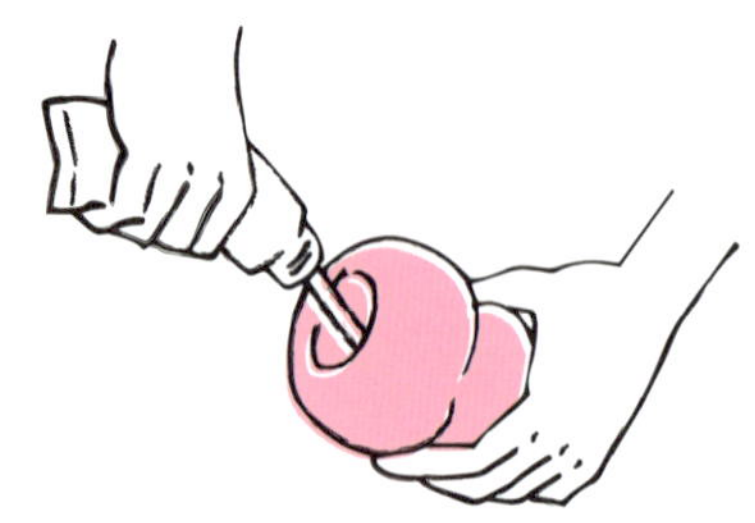

トーラス

わんべい

原材料はとくに問題なし

原料は、国産うるち玄米、食物繊維、茶抽出物の3つのみというおやつです。見た目は人間が食べるせんべいと似ていますが、砂糖、しょう油、塩などを使用せず、無添加です。

原材料はとくに問題はありませんが、そのままの大きさで与えると、子犬や小型犬の場合、のどにつまらせる可能性があります。食べられる大きさに小さく割って与えるなど、注意が必要です。

国産うるち玄米、難消化性デキストリン、緑茶粉末

原産国／日本

イリオスマイル

ヤギミルクボーロ

人間と同レベルの食材を使用

チベット産のヤギミルクが原材料の、合成着色料、保存料などをいっさい使用していない無添加ボーロです。肉系のおやつではないので、食いつきがよいとはかぎりません。試食させてみて、下痢などのアレルギー症状が出なければ、安心でしょう。

まれにボーロが上あごにくっついてしまい、なかなか取れないことも。かならず、食べ終わるまで見守ってください。

原材料

さつまいもペースト、馬鈴薯、メレンゲ、はちみつ、還元麦芽糖水飴、山羊ミルクパウダー、エゾウコギエキス

原産国／日本

森永サンワールド

ビスミニ
お気にいり　フィッシュ&ポテト

食欲減退時のサポートにも

ポテトとサーモンが主原料、グルコサミン入りのビスケット。1個あたりのカロリーが約5・4kcalと低めです。

小麦粉不使用なので、小麦アレルギーの犬もOK。総合栄養食ではありませんが、ドライフードとほぼ同じ成分で作られています。お昼の間食などに使用してもいいでしょう。

原材料

ポテト、サーモン、ホワイトフィッシュ、セルロース、トマト、フィッシュダイジェスト、植物性油脂、動物性脂肪、食塩、L-カルニチン、グルコサミン、ユッカ抽出物、ビタミン類（A、D、E、B_1、B_6、パントテン酸、ナイアシン、葉酸、B_2、K、ビオチン、コリン、B_{12}）、ミネラル類（Ca、Mn、Cu、Zn、K、Fe、Se）、酸化防止剤（トコフェロール、クエン酸、ローズマリーエキス）

原産国／アメリカ

現代製薬

ビスカルダイエットネオ

△

ダイエット効果は期待できない

腸内の細菌を最適化して糞尿のにおいを軽減する、天然成分の米胚芽（はいが）、大豆発酵抽出物、樹木抽出物入りのビスケットです。食物繊維の難消化デキストリンが入っていますが、ダイエット効果よりは整腸・血糖値コントロール・脂肪吸収の抑制の面が大きいです。ただ、おやつに含まれる量では誤差でしょう。マーガリンは微量なので問題ありません。粉物のおやつは歯に付くので歯周病に注意してください。

原材料

小麦粉、マーガリン、難消化性デキストリン、グラニュー糖、鶏卵、米胚芽・大豆発酵抽出物、樹木抽出物、乳等を主要原料とする食品（たんぱく質濃縮ホエイパウダー、脱脂粉乳、乳糖、植物油脂）、L-カルニチンフマル酸塩、甘味料（D-ソルビトール）、炭酸カルシウム、酸化防止剤（ビタミンE）

原産国／日本

ドギーマン

さつまいも入りボーロ △

小袋でもカロリーはあなどれない

原材料は、人間の食べるクッキーと同じようなもので構成されています。香料の使用は気になりますが、着色料は食用なので安心。

主原料はじゃがいもなので、原材料が肉のおやつほど興味をひかないかもしれませんが、取り回しのよさが魅力です。

小袋は1袋57kcal、3kgの犬の1日の所要量の2割に相当します。1袋ずつ毎日食べると肥満につながるので、注意してください。

馬鈴薯でん粉、水飴、砂糖、小麦粉、卵、オリゴ糖、液糖、脱脂粉乳、さつまいも、シャンピニオンエキス、ミネラル類（カルシウム）、膨張剤、香料、食用色素（パプリカ、ベニバナ）

原産国／日本

ペティオ

ボーロちゃん野菜MIX

牛乳と小麦粉、着色料が不使用

オーソドックスなおやつボーロに野菜とカルシウム、オリゴ糖が加えられています。着色料は不使用ですが、香料を使用。また、牛乳と小麦粉が使われていないので、このふたつの食材にアレルギーがある犬にはおすすめ。

ボーロのようなおやつは歯にこびりつきやすいので、食べ終わったら歯石予防のためにも、歯をみがくようにしてください。

原材料

馬鈴薯でんぷん、オリゴ糖、還元麦芽糖、砂糖、卵類、ほうれん草、かぼちゃ、加工でんぷん、卵殻Ca、香料

原産国／日本

フジサワ

極上逸品　煎餅

原材料がシンプルで、成分も問題なし

人間用のせんべいでも海外産の米を使用するケースがあるなか、本商品は安心と安全面を考慮して、国内産のうるち米を原材料として使用。そのほかの原材料はタピオカ澱粉（でんぷん）のみというシンプルさで、成分には問題ありません。湿気に弱いため、封をきちんとして早めに与え切ってください。

原料が安心でも、たくさん与えると太らせてしまうので、気をつけてください。

うるち米（国内産）、タピオカ澱粉

原産国／日本

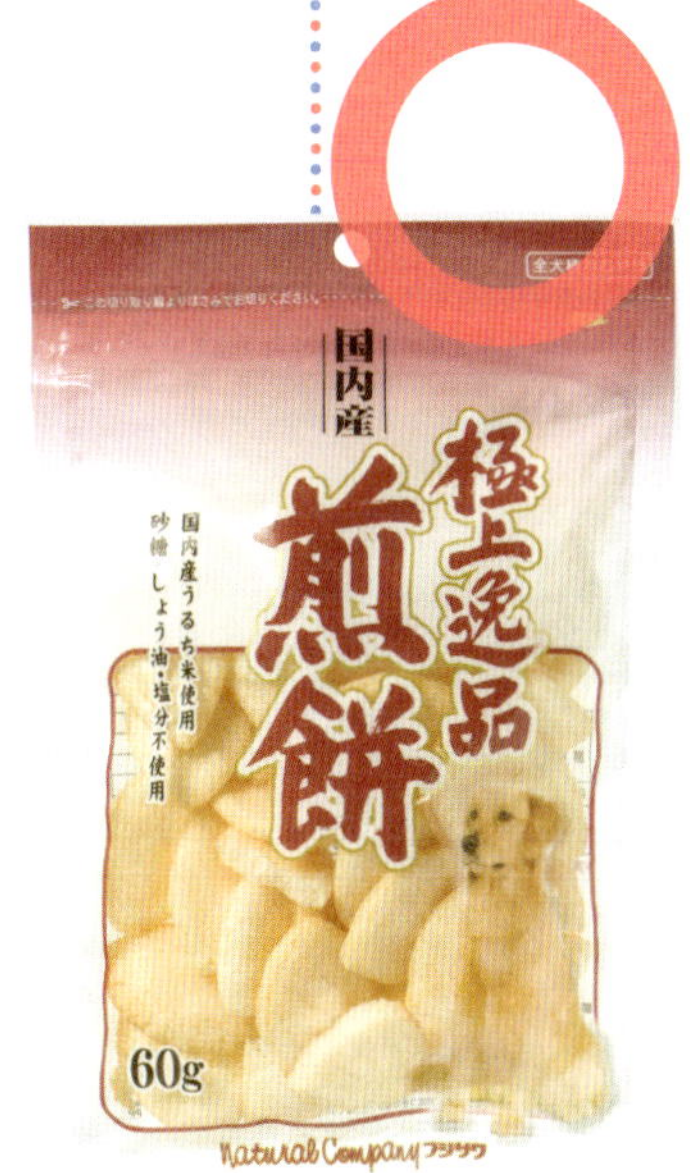

森乳サンワールド

お気にいりデンタルビスケット

歯垢除去効果はおまけ程度

食べることで歯垢の除去効果をねらった固焼きビスケット。口臭防止と歯の健康のため、大麦若葉、緑茶エキス、クロロフィルが加えてあり、ほぼドッグフードと同じ成分です。

ただし、食べるだけでしつこい歯垢が取れることはありません。歯垢除去効果は、あくまでもおまけ程度でしょう。133ページのものと同様に、間食に使用してもよいでしょう。

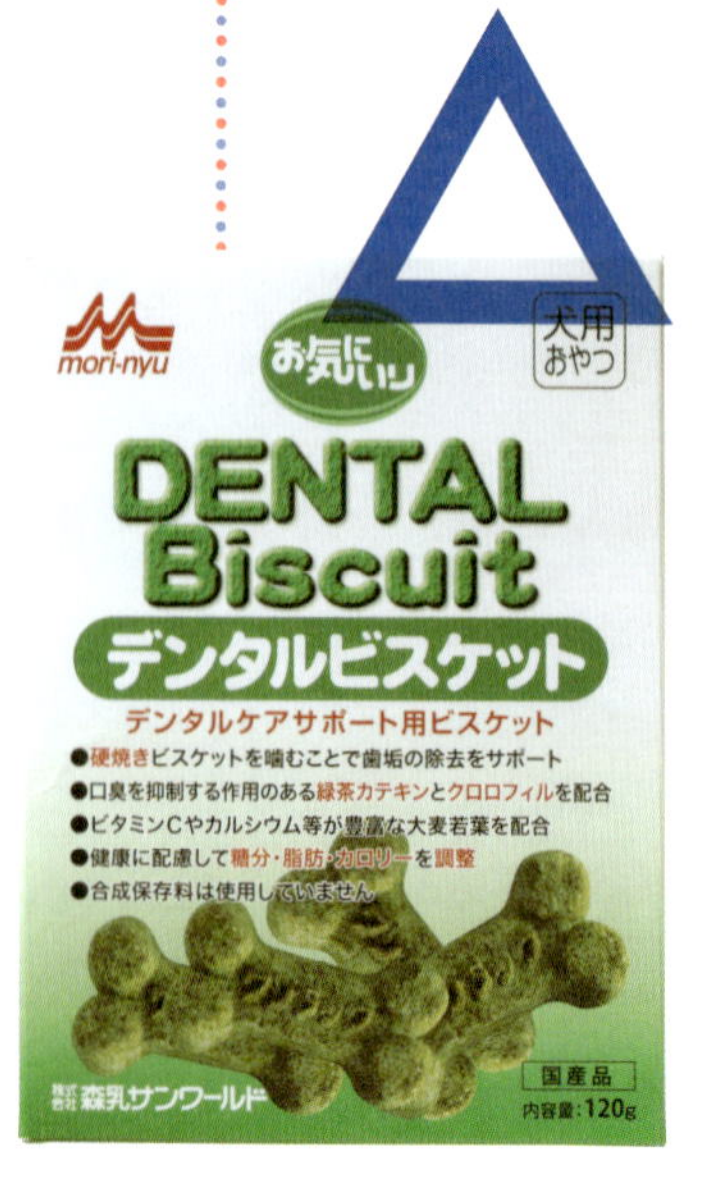

原材料

小麦粉、コーン、全卵、チキンエキス、豆類（大豆粉、乾燥おから）、穀類（小麦ふすま、米糠）、難消化性デキストリン（食物繊維）、セルロース、動物性脂肪、バター、乳製品、カゼインカルシウム、フィッシュミール、ブドウ糖、蔗糖、大麦若葉、卵殻カルシウム、食塩、ビール酵母、チキンレバーパウダー、甘味料（ステビア）、緑茶カテキン、ミルクオリゴ糖、ビタミン類（A、D_3、E、B_1、B_2、B_6）、ミネラル類（Fe、Cu、Mn、Zn、I）、ユッカ抽出物、着色料（クロロフィル）

原産国／日本

ユニ・チャーム

銀のさら おいしいビスケット 歯の健康 小型サイズ チキン・チーズ味

△

食品用漂白剤が使われている

第1原料は穀類、第2原料に肉類を使用するなど、ドッグフードによく似た成分でできています。添加物のピロ亜硫酸ナトリウムは食品用漂白剤です。

歯垢の軽減効果をねらっていますが、ビスケットは食べカスが歯に残りやすいものなので、過度な期待はしないほうがよいでしょう。

穀類（小麦粉、フスマ）、肉類（チキンミール、チキンエキス、ポークエキス）、ショ糖、ビール酵母、動物性油脂、チーズパウダー、セルロースパウダー、パセリパウダー、ソルビトール、ミネラル類（塩素、ナトリウム）、ヘキサメタリン酸Na、酸化防止剤（ミックストコフェロール、アスコルビン酸Na、クエン酸、ローズマリー抽出物）、ピロ亜硫酸Na、ビタミン類（A、B_1、B_2、B_6、B_{12}、D、E、K、コリン、ナイアシン、パントテン酸、ビオチン、葉酸）

原産国／アメリカ

アイシア
ペット用にぼし

塩分摂取量に大きな不安が

かたくちいわしが主原料の、ペット用にぼしです。人間の食材には適さない魚を使用している可能性もあります。

製法については、表示されていないためわかりませんが、一般的ににぼしは3％の塩水でゆでた後、乾燥してつくります。塩分を多量に摂取するのは動物にとってよくない上、ミネラル過多も、尿結石の原因となります。そのため、摂取量については注意が必要です。

×

原材料

魚介類（かたくちいわし等）、食塩、酸化防止剤（ビタミンE）

原産国／日本

※『わんこのためにどれを買う？』では△評価としていましたが、最近ではとくに犬の塩分過剰摂取について着目されるようになり、消費者の意識も高まっているため、本書では1ランク下げて×としました。

グーテ

ビーフふりかけ

食欲のある犬には必要ない

そもそも主食をふつうに食べているなら、わざわざふりかけを使う必要はありません。

体が弱っているか、疾患のせいで食欲がなくなったときに限り、使ったほうがいいでしょう。

ただし添加物が多数入っているので、同じような製品を選ぶなら、添加物が使われていない方が安心です。味は良いので、添加物より食欲を優先したい時にはよいでしょう。

原材料

牛肉、小麦粉、小麦蛋白、脱脂大豆、海洋深層水、食塩、ホエイパウダー、オリゴ糖、共役リノール酸、エゴマ油、ソルビトール、pH調整剤、グリセリン、PG、グルタミン酸Na、酸化防止剤（エリソルビン酸Na、V.C、V.E）、保存料（ソルビン酸K）、発色剤（亜硝酸Na）

原産国／日本

コング
チューブペースト
ヨーグルト味

ペーストは少量で抑えよう

しつけやトレーニングなどで使用するコングの中に塗って使うもので、やわらかいペースト状です。コングの内部にペーストを塗りこむと、長時間遊ぶことができます。

強烈な誘引力を持たせるための香料、塗った後に長時間放置されることを考えての添加剤。これらを考えると、たくさん食べてほしいものではありません。簡単に舐めとられないような位置に少量つけて使ってください。

原材料

乾燥粉乳、大豆油、ヨーグルト粉末、乾燥ホエー、ブドウ糖、ミネラル類（Na、P、Cl）、デキストリン、デンプン、糖類、酸味料（乳酸）、乳酸菌、酵素、香料、保存料（ソルビン酸）

原産国／アメリカ

この商品は、味違いが多数ラインナップされています。

帝塚山ワンバナ

犬・猫用ふりかけ

そぼろ　国産まぐろ　犬猫用

添加物一切なしで心配は少ない

純粋なマグロひき肉の乾燥品で、製造元のホームページでは、犬猫両用としています。

余計なものが入っていないので、単純にマグロ肉との相性がよい犬には向いています。弱った犬に与えるときも、心配が少ないです。アレルギーで魚ベースの主食をとっているなら、トッピングも魚にしましょう。なお、健康ならあえて与える必要はありません。

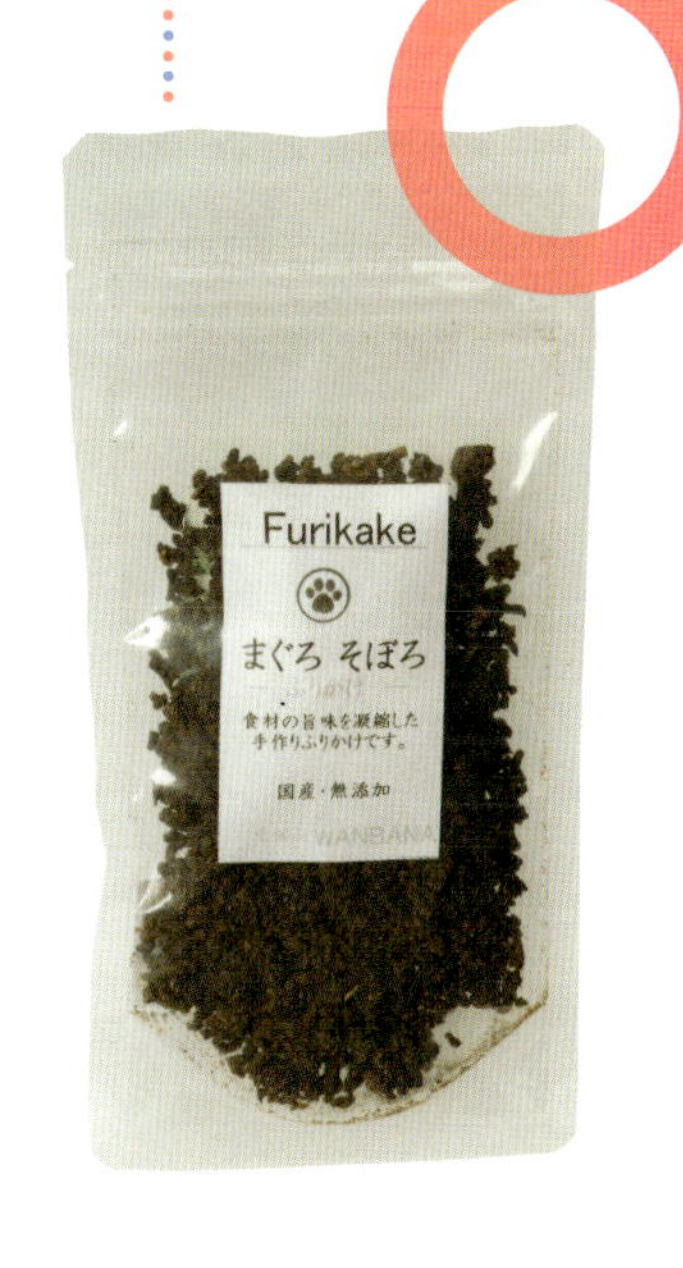

原材料

国産本まぐろ

原産国／日本

アイリスオーヤマ

ささみのふりかけ

パウチタイプ

添加物のないふりかけ

リニューアルにより、添加物がなくなりました。原料は自然素材のみで危険なものはなく、これらを粉砕混合して顆粒状にしたふりかけです。

栄養補給と書かれていますが、ちゃんとしたフードを使っていればそれで足りているはずです。主食に飽きやすい子に使う安全なふりかけを探している、といった場合にとどめましょう。

原材料

鶏肉（ささみ・胸肉）、小麦粉、コーンスターチ、にんじん、ほうれん草

原産国／日本

ナチュラルペットフーズ

Wauwau 本チーズパウダー

チーズの栄養をそのまま摂取

フリーズドライのナチュラルチーズを、パウダー状にしたふりかけ。従来より20%減塩しているとのこと。数値はあまり減っていない印象もありますが、そもそもが少量与えるものなので、あまり気にしなくてもOKです。

健康な子に使用するよりも、体が消耗しているときや、病気で落ちた食欲を補佐するのに向いています。

ナチュラルチーズ、乳化剤

原産国／日本

ナチュラルペットフーズ

Wau Wau 乾燥小粒納豆

乾燥納豆は栄養豊富で扱いやすい

納豆をそのまま乾燥させているので、ビタミンやカルシウム、鉄分などの豊富な栄養を摂取できます。健康によいものなので、適量をフードに添えて与えるとよいでしょう。ただし、大豆アレルギーの犬に与えないように。

遺伝子組み換えを使っていないという記述が消えたため、国産ですが気になる人は避けた方がいいでしょう。

原材料

丸大豆、納豆菌、ビール酵母

原産国／日本

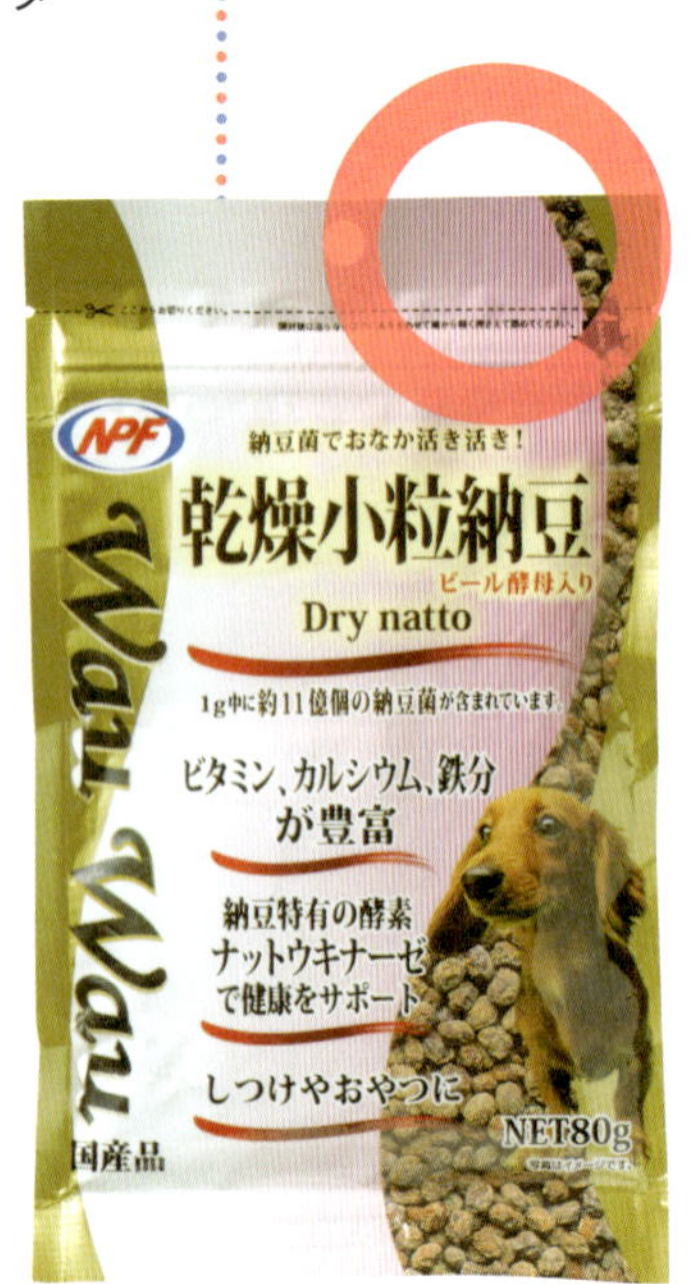

マルカン

ゴン太のふりかけ ササミジャーキー ほねっこミックス

△

カルシウムの摂取は主食で！

カルシウム補給をねらったふりかけで、同社で製造している犬のおやつ2種類を砕き混ぜたものです。このような製品は、自然素材だけのふりかけより嗜好性が高いです。飼い主としては与えたくなりますが、各種の酸化防止剤、保存料、合成着色料を使用しています。どうしてもこれでないと食欲が出ない場合だけ使いましょう。

原材料

肉類［チキン（鶏ササミ含む）等］、穀類、豆類、糖類、乳類（ミルクカルシウム等）、ビール酵母、魚介類、油脂類、グルコサミン（カニ由来）、サメ軟骨抽出物（コンドロイチン含む）、増粘安定剤（加工デンプン、グリセリン）、ミネラル類（リン酸カルシウム、塩化ナトリウム、焼成カルシウム）、香料、品質保持剤（プロピレングリコール）、保存料（ソルビン酸カリウム）、着色料（二酸化チタン、赤102、黄4）、アミノ酸類（ロイシン、リジン、バリン、イソロイシン、スレオニン、フェニルアラニン、メチオニン、ヒスチジン、トリプトファン）、pH調整剤、酸化防止剤（エリソルビン酸ナトリウム、ミックストコフェロール、ローズマリー抽出物）

原産国／日本

九州ペットフード

犬用おやつ おいしいふりかけ

小粒タイプ

国産で無着色も、そのほかの添加物を使用

高タンパク低カロリーの鶏ささみを乾燥し、小さなペレット状に裁断したものです。程よい硬さを維持するための添加物や保存料が入っています。カラカラに乾燥していないため、劣化が早い種類のおやつです。80gと３００gがありますが、大袋を購入した場合は管理に気を付けて早めに使いましょう。

鶏ささみ肉、植物性油脂、食塩、プロピレングリコール、トレハロース、乳酸Na、保存料（ソルビン酸）

原産国／日本

ペットプロジャパン

ささみのふりかけ

添加物なしで使いやすい

ささみのみで作られたパウダーで、桜でんぶのような微細な繊維状になっています。少量かけただけでも、フードに薄くまんべんなくからむので量が調節しやすく、使いやすいでしょう。

一袋45g入りで少量ですが、価格もリーズナブル。そのため、トッピングを試してみたいときは、最初に使ってみてもいいでしょう。

原材料

鶏ササミ

原産国／日本

ペティディッシュ

お魚ふりかけ

アレルギーがないか確認して与える

花かつお（あらぶしを削ったかつおの削りぶし）を手でもんで、粉にしたような形状をしています。

添加物は使われていませんが、4種類の魚が混合されたタイプなので、いずれにもアレルギーがないことを確認してから与えるようにしましょう。他の動物タンパクにアレルギーがあって、魚系フードを主食としている犬に適しています。

原材料

いわし、さば、あじ、さけ

原産国／日本

ペティオ

素材そのまま さつまいも ふりかけ

原材料と添加物は問題ないが中国産

原材料はさつまいものみで、保存料、着色料は使用していません。しかし、原産国が食品問題の多い中国なのが不安です。

不安なふりかけを食べさせるくらいなら、さつまいもを蒸してスライス、オーブンで焼いて、安全な自家製さつまいもふりかけを作って与えることをおすすめします。ただし、さつまいもはたくさん食べると確実に太るので、与える量には十分に注意してください。

原材料

さつまいも

原産国／中国

ジャパンフーズ
愛犬のためのプレミアムミルク+

流動食のベースに使えるかも

全粉乳に各種ビタミン類が添加され、栄養補助効果は普通の牛乳よりやや高いでしょう。乳製品を飲まない犬もいます。また、乳糖分解処理がされ、下痢のリスクは少ないですが、お腹に合わないと下痢をすることも。

ただし、完全に液状なので流動食のベースに使えます。乳化剤として使われているショ糖エステルは、安全性の高い物質です。

原材料

全粉乳、ローヤルゼリー、ショ糖エステル、カゼインNa、システイン、シャンピニオンエキス、グルコサミン、ラクトフェリン、タウリン、ビタミンB_1、ビタミンC、ナイアシン、ビタミンB_2

原産国／日本

ニチドウ

ドクター・プロ

ベビーミルク

ベビーミルクだがオールステージ対応

最新の犬母乳栄養学に基づき成分を調整してあるベビーミルクで、プロ&プレバイオティクスを加えて高い消化吸収を実現。粉ミルクは犬によって好みがあるため、飲まない場合は別銘柄を試しましょう。無理に飲ませると気管に入って命に関わることがあります。ラクトフェリンには免疫力向上などのメリットがあるので、老いが見えてきた愛犬のフードに少し加えるのもよいです。

原材料

乾燥乳清蛋白濃縮物、動物性油脂、乾燥乳清粉末、ココナッツオイル、ブドウ糖、レシチン、カゼイン、香料、ラクトフェリン、デンプン、ビタミン類(ビタミンE、ビタミンB12、ビタミンC、ナイアシン、ビタミンA、ビオチン、ビタミンB1、ビタミンB2、ビタミンB6、ビタミンD3、ビタミンK3、葉酸)、ミネラル類(リン酸二カルシウム、炭酸カルシウム、塩化マグネシウム、硫酸第一鉄、酸化亜鉛、硫酸銅、硫酸マンガン、亜セレン酸ナトリウム、パントテン酸カルシウム、硫酸コバルト)

原産国/カナダ

ドギーマン
ペットの牛乳
成犬用

いろいろ添加された加工乳

ドギーマンのペット牛乳は、「国産牛乳シリーズ」と「ペットの牛乳シリーズ」がありこれは後者。乳糖分解済、人工着色料・香料・防腐剤不使用のオーストラリア産です。

ビタミンミネラルが強化されていますが、幼犬の哺乳用ではないので注意してください。

子犬用・成犬用・老犬用の3種があり、配合成分を時期に合わせて調節してあります。増粘多糖類が入っている以外は問題ありません。

乳類（生乳、乳清たん白）、植物油脂、増粘多糖類、乳糖分解酵素、ミネラル類（カルシウム、カリウム、マグネシウム、リン、鉄）、乳化剤、ビタミン類（A、B_1、B_2、C、D、E）、タウリン、アミノ酸類（メチオニン）

原産国／オーストラリア

ミルク本舗

オランダ産オーガニックやぎミルクパウダー

無添加で安全性が高い

ホルモン剤や農薬、殺虫剤をまったく使用していない、オーガニックにこだわった無添加、無調整の全脂粉乳です。犬が自分では作り出すことのできない必須アミノ酸を供給し、カルシウムやビタミンが豊富で、かつ消化がよいです。

原産国オランダでは、国が主導権をとって品質管理に努力しており、安心できます。

原材料

100%天然無添加オランダ産ヤギミルク

原産国／オランダ

ペッツルート

無添加やぎミルク

犬猫用

老犬に向いているミルク

ヤギミルクは若い健康体の犬よりも、衰えが目立ちはじめた高齢犬に向いています。品質そのものは最上級で、小さな個別包装になっているので品質を維持しやすいです。

かつては、中国産もネット通販で流通していたのですが、2019年現在はもう終売になっているようです。ですが、どんな食品でも、原産国は常に確認してから買うようにしてください。

原材料

山羊乳（脱脂）

原産国／オランダ

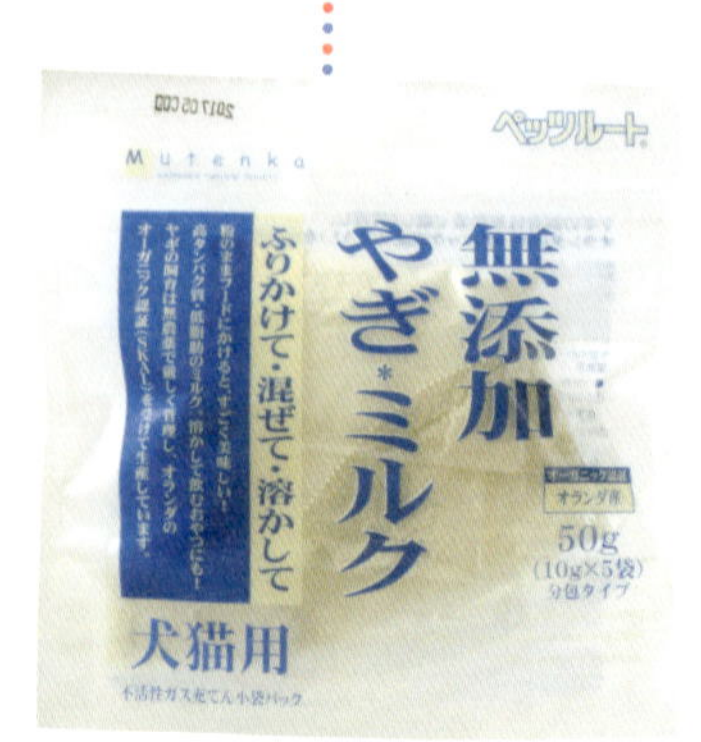

メインバーグ

ゴートミルク

消化吸収に優れ、安全性が高い

主原料のヤギミルクに、ビタミンD_3と葉酸を補っています。そのほか、添加物は一切使用していません。犬の体にとって必要なもの以外は入っていないミルクなので、安全性は高いといえます。

どの年齢の犬に与えてもよいですが、消化吸収に優れたミルクなので、発育促進の他に、食欲が落ちている場合の栄養補給に使用するのもおすすめです。

ヤギミルク、ビタミンD_3、葉酸

原産国／アメリカ

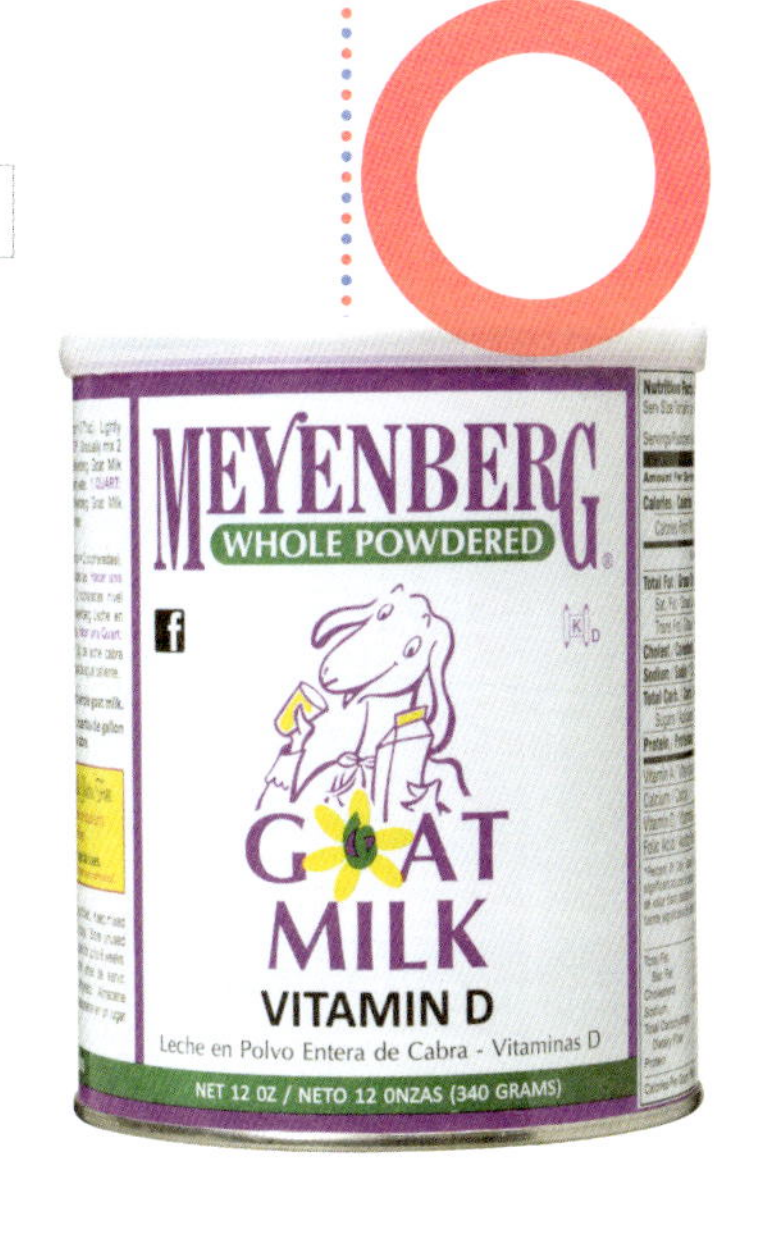

森乳サンワールド

ワンラック ペットミルク 小動物用

買う前に対象動物のチェックを

このミルクは、そもそも犬用ではなく「小動物用」です。ペットショップではさすがにないと思いますが、量販店などでは普通の犬用ミルクと並んで置いてあることもあります。

原材料を見る以前の問題ですが、手にとった商品が犬用であるかどうかを、まずは確認するようにしましょう。

原材料

乳たんぱく質、動物性脂肪、脱脂粉乳、植物性油脂、卵黄粉末、ミルクオリゴ糖、乾燥酵母、pH調整剤、乳化剤、タウリン、L-アルギニン、L-シスチン、DHA、ビタミン類（A、D、E、K、B_1、B_2、β-パントテン酸、ナイアシン、B_6、葉酸、カロテン、ビオチン、B_{12}、C、コリン）、ミネラル類（Ca、P、K、Na、Cl、Mg、Fe、Cu、Mn、Zn、I、Se）、ヌクレオチド、香料（ミルククリーム）

原産国／日本

ドギーマン

わんちゃんの国産低脂肪牛乳

△

亜硫酸塩が使われている

密封されていますが、酸化防止剤に亜硫酸塩があるのが気になります。分解された乳糖に、タウリンが添加されたシンプルな構成。

ただ、ほかの乳製品同様、常飲させる必要はありません。1リットルパックもありますが、耳を切るタイプなので、冷蔵庫にしまうときは雑菌汚染しないよう保護し、飲み切る前の劣化に注意しましょう。

原材料

生乳、脱脂粉乳、乳糖分解酵素、酸化防止剤（亜硫酸塩）、タウリン

原産国／日本

PPJ

ロイヤルゴートミルク〇

高齢犬の栄養補給としても〇

原材料はヤギミルクだけで、保存料や着色料などの添加物は一切不使用、25gずつの使い切り小袋で、ばら売りと12袋入りの箱売りがあり、新鮮な状態を維持しやすいのもうれしいです。価格は同等のライバル製品と同程度。品質や栄養バランスに優れています。子犬だけでなく、高齢犬の栄養補給としてもピッタリです。ミルクにして飲ませるだけでなく、フードにかけて与えるのもよいでしょう。

原材料

ヤギミルク100%

原産国／オランダ

いなば

Wanちゅ~る とりささみ チーズ味

健康な犬にはおすすめできない

特有のペチョペチョ感を出すために増粘多糖類や加工でんぷんが使われており、積極的に与えたいものではありません。食欲増進や投薬のため利用せざるを得ない場合だけにとどめるべきです。健康な犬には下痢のリスクがあり、推奨できません。

姉妹品に総合栄養食版があるため、衰弱したり老齢の犬の補給に使うならそちらのほうがよいでしょう。

原材料

鶏肉（ささみ）、鶏脂、チーズパウダー、チキンエキス、酵母エキス、増粘剤（加工でん粉）、増粘多糖類、ビタミンE、キトサン、緑茶エキス、紅麹色素

原産国／日本

愛犬生活へのアドバイス

犬は牛乳を飲ませると体調が悪くなることがある

「犬には牛乳を与えないほうがよい」と、聞いたことがありませんか。体によい印象がある牛乳が、なぜNGなのでしょう。

じつは、犬は体内で乳糖を分解することができないため、牛乳を飲むとおなかをこわして下痢になりやすいのです。

牛乳は人間の生活に深く根付いており、犬猫の手軽な嗜好品というと多くの人が牛乳を思い浮かべ、与えたくなるようです。

そんなときは、牛乳を犬に少量飲ませてみてウンチの状態を観察します。下痢気味であれば、与えるのは避けてください。

ペット用の牛乳やミルクも販売されていますが、なかには犬の健康を害する添加物が含まれている場合もあるので、注意が必要です。

PART 3

散歩・あそび・住まい

洋服やおもちゃなども、フードと同様に素材に気をつけなければなりません。犬の目線で考えてみましょう。

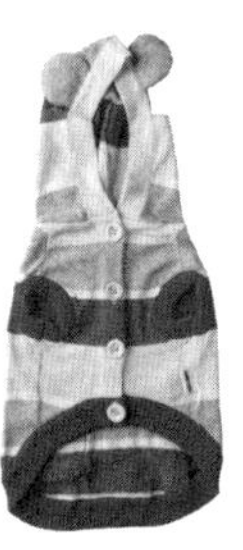

Dog e Lites Inc.

アイスベスト

体温調整

放熱効果は期待できず

犬は毛皮を着ているため、その上から濡れた布を着せても放熱効果は期待できません。とくに、長毛種またはトイプードル系の、くりくり毛で空気層が分厚い犬には向きません。この手の冷却促進グッズは効果が犬にとって体感できるのかどうか大いに疑問があります。暑がっていないか、呼吸の具合をよく観察しましょう。

原産国／中国

RADICA

ボタニカルメッシュタンク

○

基本特性としてはアリな商品

熱発散や保温については、あまり期待できませんが、肌あたりは非常になめらかでキメ細かく、虫や草の実を通さないので、真夏以外の外出時に着せるのはよいでしょう。

冷却機能よりも、軽量、安価、シンプル、適度な伸縮性、肌当たりという基本特性の面からは、「買い」だと思います。

使いはじめは首や腕のスレ具合を見て、皮膚に異常がないか観察が必要です。

原産国／中国

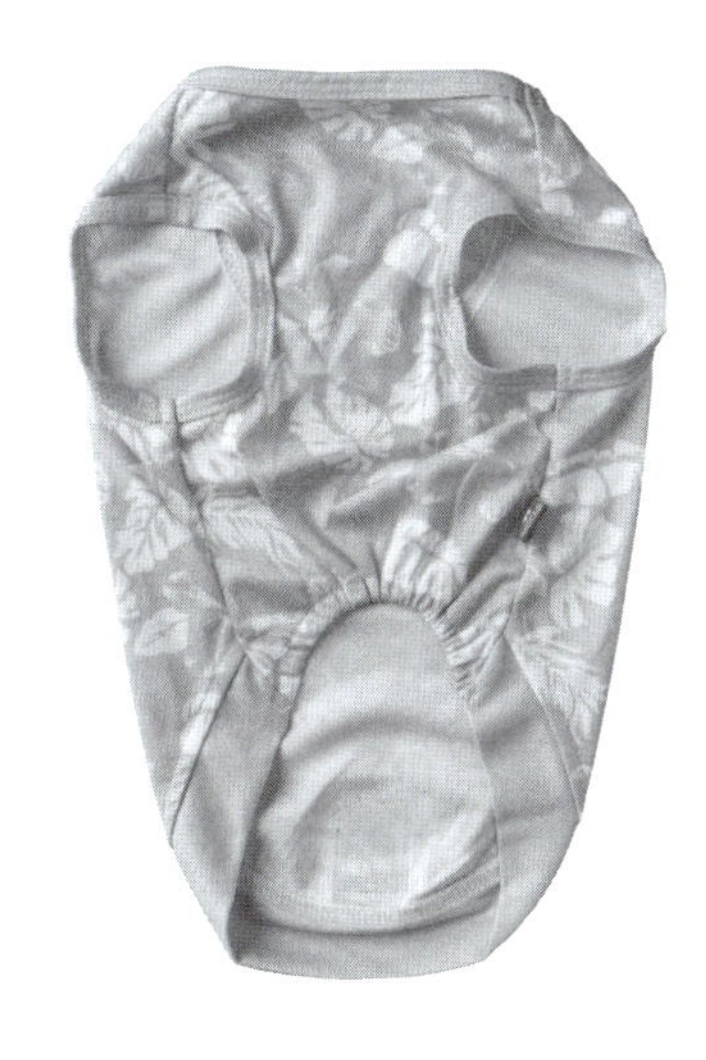

DOGDEPT

ボーダーニット

ボタンの誤飲に注意

綿100%で裾と腕の穴は厚く、伸縮性のある織り方をされています。直径2センチのボタンをもぎ取って飲み込む事故が多いので注意が必要です。

短時間の着用で、目を離さないことが前提です。短毛の寒がりな犬で、春や秋の散歩のときに使用することが想定されます。ただし、基本的にペットへの衣服は、皮膚への無駄な刺激になるのでおすすめしません。

原産国／中国

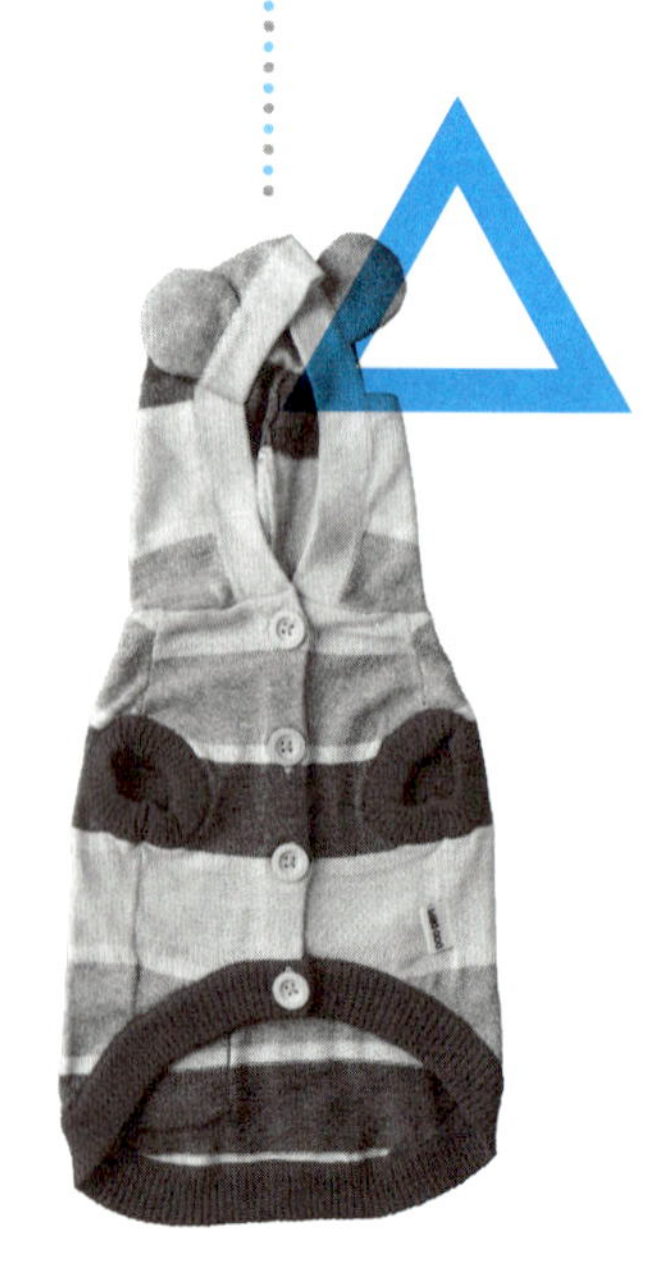

puppia

ベースレインコート

明るく彩度の高い色を選ぶ

フードが特長ですが、おとなしくかぶるはずもないため、飾りと思ったほうがいいでしょう。

反射材が多め目に配置されているのはよいポイントです。素材の伸縮性は皆無なので、犬にうまくフィットするかどうかを、お店でよく確かめる必要があります。

交通事故防止の点から、なるべく明るく彩度の高い色を選ぶといいでしょう。

原産国／中国

チャーム付き首輪

クロコダイル風　ラインストーン

△

ポリウレタンの劣化が心配

チャームをぶらさげているリングが細く、引きちぎれるのは時間の問題。また、脱落や誤食の恐れがあるので、長くて強めのステンレスリングに変えましょう。

チャームがリード接続部と同じ場所なので、そこに絡んだり体と首輪の間に挟まることがあります。

ポリウレタンは経年劣化するので、ひび割れなどが見つかったら早期に交換しましょう。

原産国／中国

岡野製作所

レインボーカラー

猫・超小型犬用首輪

犬のことを考えた安心設計

デザイン優先の首輪は細かったり凹凸があったりで犬に不快感を与えることがあります。皮膚への刺激が原因で円周状に脱毛や湿疹を起こしていることも珍しくありません。

接触面が広くなめらかなので、比較的快適でしょう。派手な色も好みによりますが、迷子になったときは目印として有効です。使い込むとプラスチックバックルが破損することがあるので、強度を確認しておいてください。

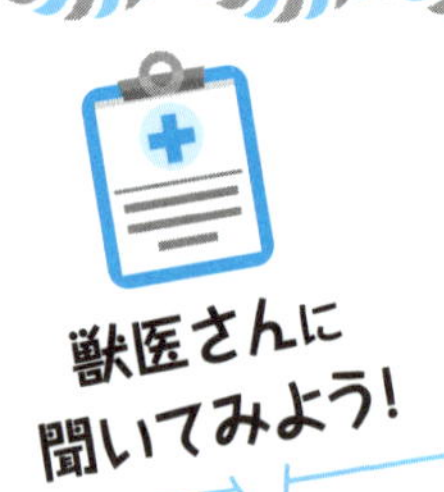

散歩は心がけ次第で変わる

健康によいイメージがある散歩。ケガやトラブルから犬を守るじょうずな取り入れ方をマスターしましょう。

犬は、かならずしも散歩が好きとはかぎりません。散歩を好きにさせるには、「散歩が楽しい」と理解させることが大切です。それには、子犬のうちからじょじょに外に慣らしていきましょう。

犬が散歩に行きたがらなければ、むりやり連れ出すのはNG。もしかしたら体調が悪い場合もあります。犬の状態を観察して、おかしいと感じたら動物病院で診てもらってください。

また、散歩に行きたくないのを強引に連れ出すと、精神状態に何らかの影響をおよぼす可能性があるので、十分に注意しましょう。

犬を危険から守ろう

犬は犬種によって、運動量が違うといわれています。愛玩犬のマルチーズやシー・ズーと比べて、狩猟犬のラブラドールレトリーバー、牧羊犬のボーダー・コリーなどには走り回るのが大好きな犬が多くいます。

しかし、日本では公園でのノーリードが禁止されているため、自由に走り回れる場所は少なく、ドッグランなどにかぎられます。

走るのが好きな犬であればドッグランに連れて行くのもよいですが、なかにはドッグランが苦手な犬もいます。そういう場合は、飼い主が犬のリードを持って公園をいっしょに走るか、長めの距離を、ゆっくり時間をかけて散歩しましょう。

引っぱりグセがある犬はトレーニングをしていないと、思わぬケガやトラブルにつながることもあります。飼い主と犬の安全のためにも、最低限必要なトレーニングは身につけさせておいてください。その際、飼い主に主導権があることを伝えておきましょう。

年齢とともに体力は衰えていきますので、老齢になったら犬の体調を見て、運動量を調節してください。

また、負荷の高い運動を続けていると、股関節や脊椎の関節がトラブルを起こすこともあります。散歩はあくまでも気分転換と考え、くれぐれも無理をさせないように気をつけましょう。

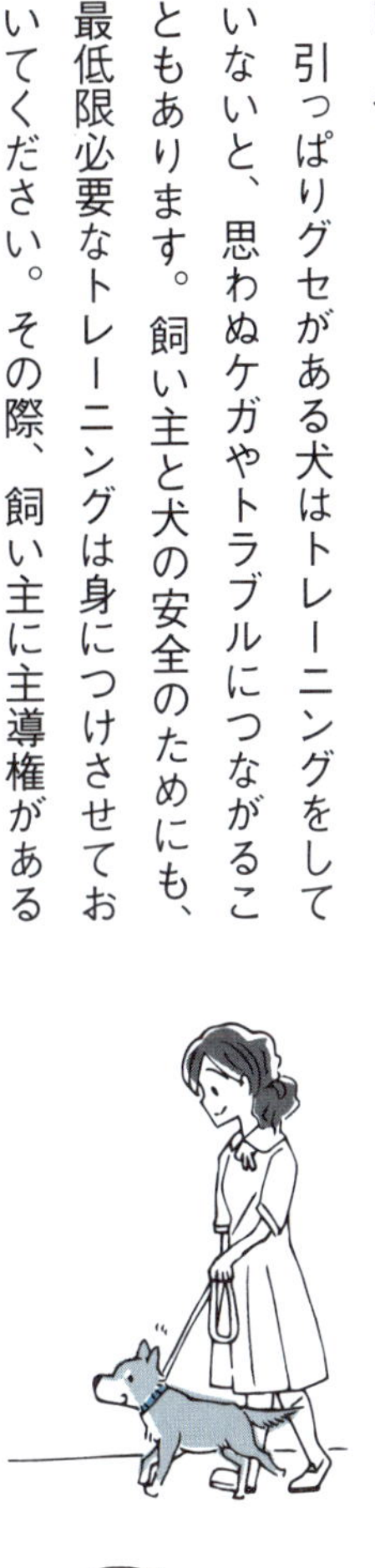

ペティオ

エアーハーネス △

体にかかる負担を軽減

体にかかる負担を和らげるため、エアークッションを使用したハーネス。肌が当たる面にはソフトな生地を使用しています。エアーポンプを押すと、空気で本体がふくらんで体にフィットし、脱げにくくなります。

問題はなさそうですが、空気を入れたときに苦しそうにしていないか、注意してください。また、犬は何でもすぐにオモチャにするので、噛んでダメにしてしまうことも。

原産国／中国

ペットセーフ

イージーウォークハーネス

△

ナイロン製は、こすれが心配

引っぱりグセの強い犬用のハーネス。まっすぐに引っぱれずに体が横を向いてしまうため、人の力が弱くても力の強い犬を制止しやすくなっています。ただし、しつけ効果を上げるためのものではありません。肩関節のあたりに摩擦がおき、皮膚や毛が擦り切れることがあり、当て布を挟むなど工夫が必要な場合があります。

原産国／アメリカ

ターキー

愛情胴輪 スポーツ ○

引っぱりグセのある犬向け

ハーネスの背中部分に、バランサーと呼ばれる横向きのベルトがついていて、背骨や腰、首への締め付けを軽減します。幅広でソフトな素材を使っているので、普通のハーネスや首輪だと引っぱりすぎて喉に食い込む、首がすれて傷ができやすい場合におすすめです。ただ、普通のハーネスより全力で引けるため、肉球や後肢の関節に負担がかかります。リード付きのまま楽に走り回るためのものです。

原産国／中国

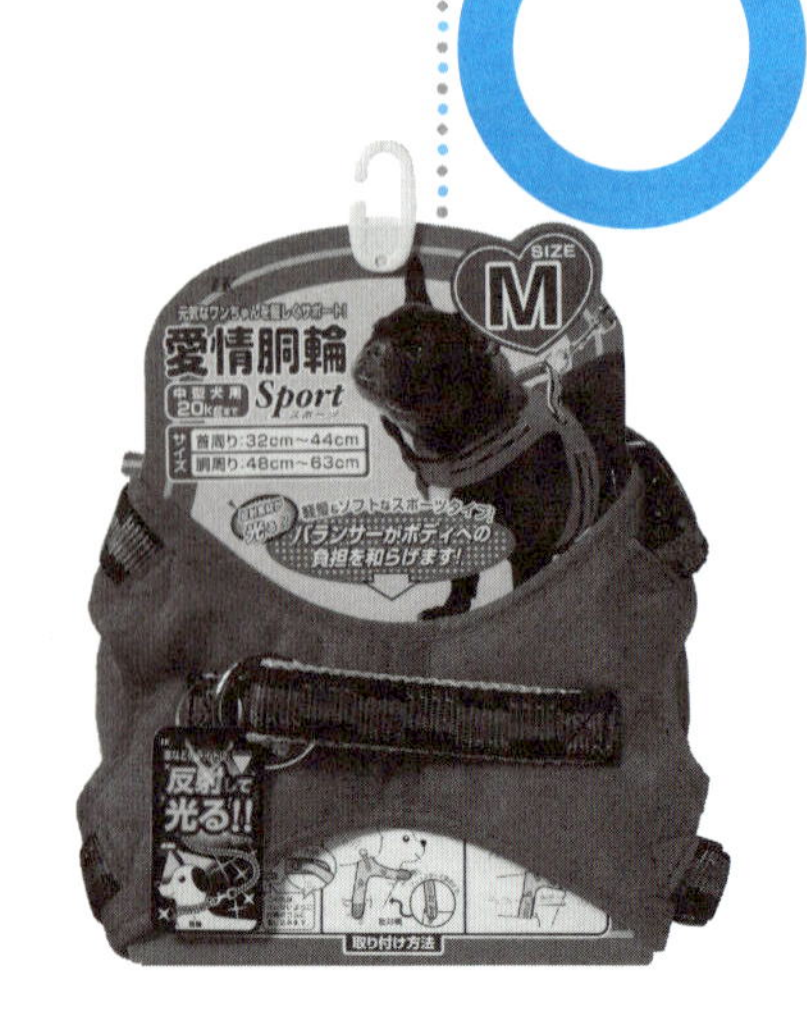

ドギーマン

ドギーウォーカー

公道での使用は危険

このような伸縮タイプのリードは、不用意に路上で伸ばすと、犬が事故に遭うおそれがあります。散歩コースが普通の路上の場合は、絶対に伸ばしてはいけません。

運動に適した広い場所で大きく自由に走り回らせたいときに伸ばして使うものです。歩道での通常の散歩をするだけの場合は不必要でしょう。

×

原産国／中国

愛犬生活へのアドバイス

首輪・ハーネスの正しい選び方

正しい首輪をしないことで、首輪の下の部分が湿疹や脱毛を起こしてしまうことがあります。とくに引っぱりグセのある犬の場合、頸部を圧迫し、皮膚がすり切れて潰瘍を起こしてしまうこともあります。

こうした症状は、細く、接触面があらい首輪をしている犬によく見られます。首輪は幅が広く、皮膚への接触面がソフトな素材のものをおすすめします。

またハーネスも、幅広のものがおすすめです。ただしハーネスの場合、しつけができている前提なので、犬が全力で好き勝手に引っぱるとハーネス擦れや、肉球・関節疾患などの原因になります。

首輪・ハーネス選びのポイント

首輪	●首まわりの毛が切れてしまわない素材 ●付属のチャームが小さい ●首との接触面が細すぎない ●首との接触面が粗くない ●首との接触面がやわらかい
ハーネス	●肌に当たる面の生地がやわらかい ●しめつけが苦しくなさそう ●強く引いても皮膚がこすれにくい

テトラジャパン

コング

トレーニング用の定番知育玩具

トレーニング用おもちゃの定番商品。相当噛んでもこわれない、がんじょうなつくりになっています。留守番時など、中に専用ペーストを詰めて与えると、犬は夢中で遊びますが、何も入れずに与えるとすぐに飽きます。

市販ペーストの安全性や腐敗耐久性が心配な場合は、ふやかしたドライフードなどの手づくりペーストを入れたり、クッキーやドライフードを詰めたりしてもよいでしょう。

原産国／アメリカ

PLATZ

ホーリーローラーボール

△

力の強い犬には誤飲の可能性も

中にフードを入れれば知育玩具としても使えます。ただし、大型犬に与えて自由に噛ませたら、数分でこわれたという事例もあるので、あまりがんじょうではないようです。

短時間の遊びに使う分にはＯＫですが、飼い主がずっと見ていられないときに与えるのは危険です。大型犬にかぎらず、力の強い犬は、あっという間に食いちぎって、破片を誤飲してしまう危険性があります。

原産国／中国

ハーツ

デンタルボーン

歯が割れてしまう可能性も

犬は棒状のおもちゃをかじるとき、両手で抑えて片方の奥歯で噛みます。このとき、上の奥歯に「てこの原理」が働くため、歯が縦に割れてしまうことがあります。「強く噛んでも曲がらない棒状のおもちゃ」は全て危険。

かといって手で抑えられないようなサイズだと、今度は丸飲みするおそれもあります。

ゴリゴリと強烈な音を立てて噛んでいる場合は、別のおもちゃに変えましょう。

原産国／中国

アイリスオーヤマ

カラーサークルスターターセット

○

脱走防止に屋根つきはポイント

ケージに近い役割の、小型犬向きのサークルです。サークルやケージを選ぶチェックポイントは、水洗いしやすい、じょうぶ、重量と重心が犬の突進に耐えうる、こじ開けたとしてもすき間に脚がはさまらない、などです。

なかには、サークルを乗り越えようとして、パネルのつなぎ目にかかとを引っかけて宙吊り(ちゅうづ)りになった事例も。ジャンプ力のある犬には、別売りの屋根を買いましょう。

原産国／中国

AYADA

ペットハウス

排泄物が付着すると掃除が困難

安価でデザイン性にすぐれていますが、犬の爪傷が加わったところに排泄物が付着した場合、掃除が難しくなります。

犬が自由に出入りするのを考えると、もっと柔らかい、たたんでしまっておける布製のテントベッドが使いやすいでしょう。

同じスペースをとるなら、見た目は劣っても扉がついているサークル、クレートのほうが一時退避やしつけに使えます。

原産国／インドネシア

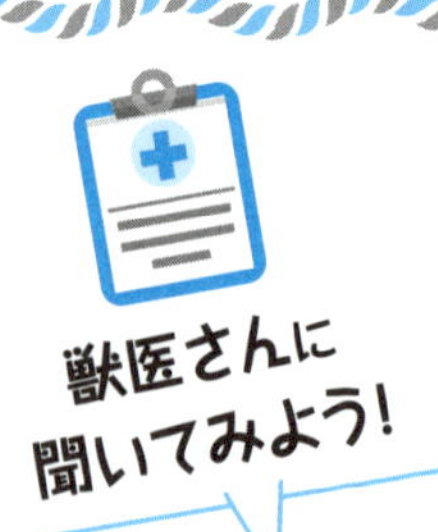

車の長距離移動、ココに注意

**犬を連れての長距離移動は不安がいっぱい！
犬が車に安心して乗れるための慣らし方から安全面まで教えます。**

はじめて車に乗った犬は、車がどのような乗り物かわからない不安感から、不快になったり興奮状態になったりして、おもらしをすることもあります。

いきなりの長距離移動は、犬にとって大きな負担です。犬を連れて遠出を考えているのであれば、まずは車に慣れさせることです。

犬を車に乗せてエンジンをかけ、車内のにおいや振動に慣れさせせます。それができたら、次は短い距離のドライブです。

車に慣れるスピードは犬によって違うので、あせらずじょじょに慣らしていきます。そして、「もう大丈夫」というところまで慣れてきたら、犬が楽しいと感じる場所に連れて行ってあげましょう。

犬は何事も関連づけて理解するので、「車に乗ってのお出かけが楽しい」と印象づけるのはとても大切です。

車内では犬を自由にさせない

車に乗せるとおう吐してしまう犬の場合は、事前に動物病院で酔い止め薬を処方してもらいます。食事は、出発の3時間前までに済ませてください。

犬を車に乗せる位置は、後部座席がよいでしょう。車内で犬を自由にさせているのを見かけることがありますが、運転手の注意が散漫になったり、運転のさまたげになる危険性もあります。安全のためにも、犬用シートベルトを使用する、もしくはケージ、クレート、キャリーバッグなどに犬を入れてから乗車させてください。

移動中に見える外の景色や、すれ違う車内の人や犬に向かって吠(ほ)えることがありますが、これは、本能からくる行動です。車外が気になって吠えてしまう場合は、周囲が見えないようケージなどにカバー※をかけましょう。

また、窓は開けず、ドアやパワーウインドウはかならずロック。車内は、犬にとって快適な温度設定にします。また、車から離れるときは、絶対に犬を置いたままにしないこと。長距離移動中は30分から1時間おきに休憩を取り、犬の排泄と水分補給を行ないましょう。

※タオルなどの通気性のよい素材のものを選んでください

リッチェル

キャンピングキャリー〇

購入前にサイズを要確認

移動用としても、室内で寝床としても使えるペットキャリー。「クレート」ともいいます。出し入れがラクなルーフ扉と、分解したパーツをまとめて収納できるのが特長。中型サイズまでなら、上下のパーツをとめる部品はプラスチック製がおすすめです。

実際に犬が入るときゅうくつな場合もあるので、寸法はよく確認しましょう。

原産国／日本

ルークラン

H_2O4K9

散歩時に携帯する給水ボトル

犬にとって水分補給は、とても大切なものです。普通のペットボトルと皿でも十分ですが、散歩やお出かけに持ち歩く場合は、一体型だと便利です。

この製品はボトルのふたが皿を兼ねているので、飲ませたときにこびりついたヨダレがボトル内に流入するおそれも。使ううちに内部に雑菌の水あかがたまるので、ふたが別になっているほうが清潔さを保てます。

原産国／中国

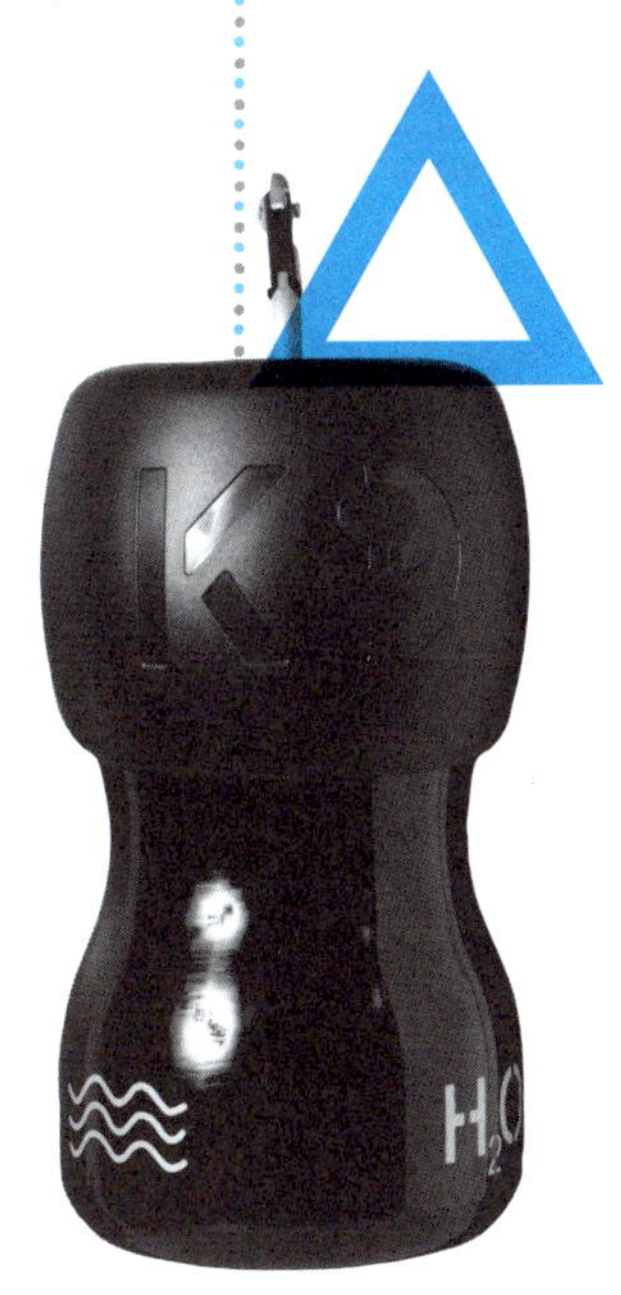

ドギーマン

おでかけボトルキャップ君

△

ペットボトルをリユース

　市販のペットボトルのキャップの代わりに取りつけて、給水ボトルとして使うタイプの商品。キャップと一体でお皿を兼ねており、使用後にふたをするときによだれが逆流する可能性も。ペットボトルをリユースするタイプなので、こまめに新品に替えましょう。持ち手もありますが、丈夫とはいえず、お散歩バッグの中に入れて運ぶのがよいでしょう。

原産国／日本

リッチェル

ペットバギーラコット

△

飛び降り防止には高さが必要

中型犬用の標準的なタイプ。軽量でコンパクトに折りたためてよいのですが、ハンドルが左右で分かれていて片手でコントロールしにくいです。路面の熱を受けないぐらいの高さですが、このくらいだと犬は容易に飛び降ります。伸縮リードもついて安全面も考慮されてはいますが、リードの長さやフードの開閉には注意しましょう。

原産国／中国

Dopet

ひんやりバンダナ

散歩犬猫兼用ブルー　M

ゲルが少なく冷気が長く持たない

　人間用の保冷剤枕のようなビニール樹脂に、保冷剤ゲルが封入されています。冷凍庫に入れるとカチカチになりますが、少し置いておくとシャーベット状になり、曲げられます。

　ただ、ゲルの量が少なく、首に巻くと数分で常温に戻ります。冷却グッズとしては力不足でしょう。また、ビニール樹脂の柔軟性に難があります。このような製品は露出した肌に密着しないと十分に性能を発揮しません。

KPS

クールボード　S

Sサイズ　小型犬用

△

ボードの熱を発散させる工夫が必要

体温で板が暖まりきると効果が失われるため、そのまま使うだけでは意味がありません。板の下に空気の通る空間を作り、小型扇風機で風を送って冷やし続けましょう。

裏面に高さ1センチぐらいのゴム足を10センチ刻みぐらいで張りつければ、犬の体重でもゆがむことはないでしょう。

ただし室温が高いと意味がないので、エアコンの効いた部屋であることも条件です。

原産国／日本

アドフィールド
ワンニャン快適ホットマット

過熱の心配はなさそう

犬自身の体温で温まるという、電気いらずのマット。冬は、このような熱反射型のマットの上にコタツやカマクラのような形で天蓋(てんがい)をかぶせると、暖かい空間を作れます。「NASAの技術を転用」とパッケージにあり、実際に使った人は暖かさを感じるという声もあります。ただし、上に乗るとガサガサと音がするので、犬が乗ってくれないことも。

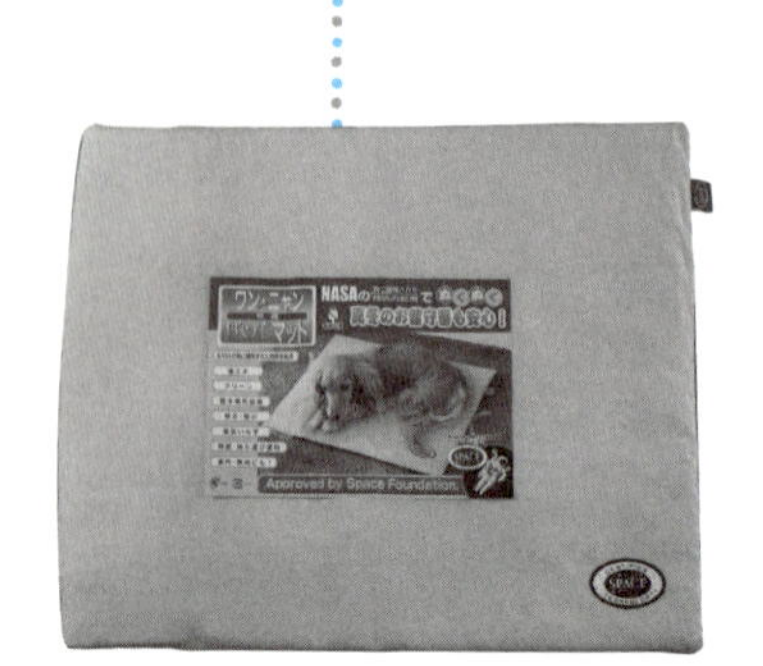

健康・美容・安全

長寿化や室内飼いが増え、歯や耳のケア用品やシャンプーなど、たくさんの商品があります。商品選びはあくまで犬基準で！

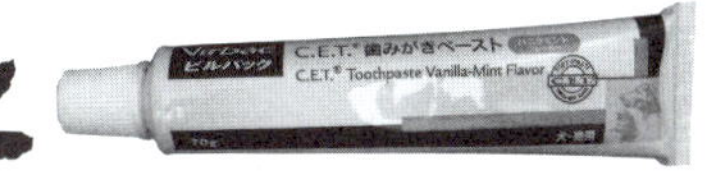

ビバテック

シグワン 小型犬用歯ブラシ

360度ブラシのアイデア商品

360度タイプだから、どの角度で当ててもみがきやすいと口コミで評価の高いペット用歯ブラシ。以前、人間用で同じく360度タイプが売り出され、一部には好評だったものの、いつしか店頭から姿を消しました。

ペットの場合も同じでしょう。みがきやすさの感覚は人それぞれです。犬が嫌がらずに口をすんなり開けるなら、どんな形の歯ブラシでも十分に対応できるのです。

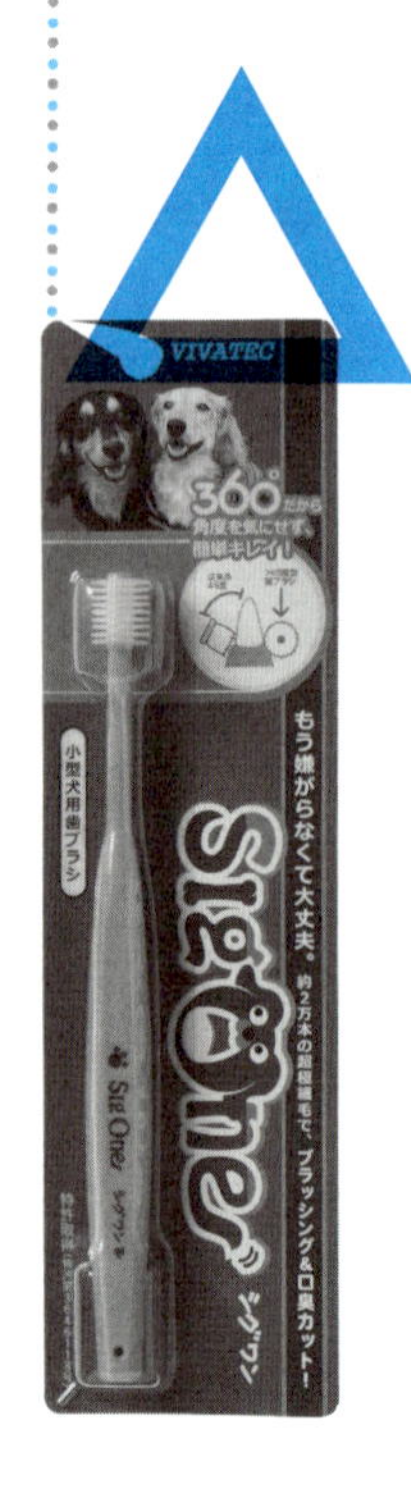

原産国／日本

愛犬生活へのアドバイス

犬の遊びがうまくいくかは飼い主で決まる

現在はほとんどの犬が愛玩犬（ペット）として暮らしていますが、犬は本来それぞれが能力に合わせた役割を与えられ、牧羊犬、使役犬、狩猟犬などとして活躍していました。犬はそれらの役割の中で、生きるうえでのさまざまな大切なことを学んでいたのです。

しかし、与えられていた役割から離れてペットとして暮らしていると、学ぶ機会がぐんと減ってしまいます。そこで重要な役割となるのが、遊びです。

遊ぶことでストレス解消のほかに、犬の社会性やルールを学んで身につけることもできます。ただし、遊び方を間違えると問題行動が起こりやすくなるので、遊びは飼い主主導で行ないましょう。

ライオン

ペットキッス歯みがきシート

飼い主の手で汚れを拭き取る

シートでみがくタイプのオーラルケア・グッズ。ブラシほどは歯みがき効果を望めませんが、歯ブラシそのものを嫌がる犬にはよいでしょう。

通常、シート状のものでは歯のすき間やへこみはうまくみがけませんが、この商品はデコボコなつくりで、その難点を解消しています。また汚れを浮かし取ったり、歯をコーティングする成分が含まれています。

原産国／日本

ビルバックジャパン

C.E.T.歯みがきペースト バニラミント

歯みがきを嫌がらなくなるかも

　歯みがきがあまり好きではなく、口の中に歯ブラシを入れられることを嫌がる犬は多いです。この製品は、味違いでチキン・モルト・バニラミント・シーフードがあり、犬の好きなタイプを選べます。ペット用の歯磨き剤は成分による性能差より、犬がすんなり受け入れるかどうかが重要です。

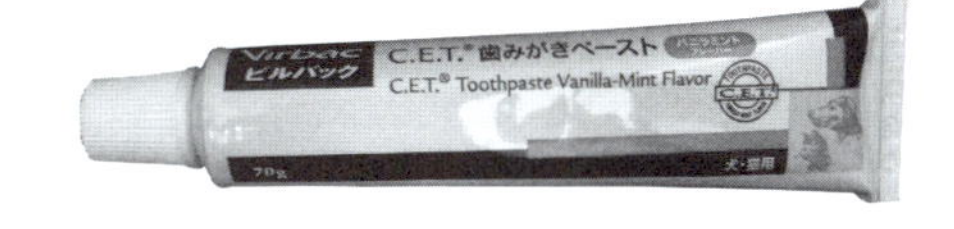

ペットビジョン

オーツムギ イヤークリーナー △

天然成分だから皮膚を痛めないが……

オーツ麦抽出の天然成分が入った、低刺激のイヤークリーナー。しかし、そもそも家庭での犬の耳そうじは、ほぼ必要ありません。犬が耳を気にするときにガーゼでやさしくひと拭きし、ホコリなどを取り除けば十分です。

耳掃除が必要＝耳に異常があるということなので、獣医師の指導の下、行ないましょう。

原産国／日本

スリーキー

ペット用綿棒

使いやすいが、やりすぎに注意

△

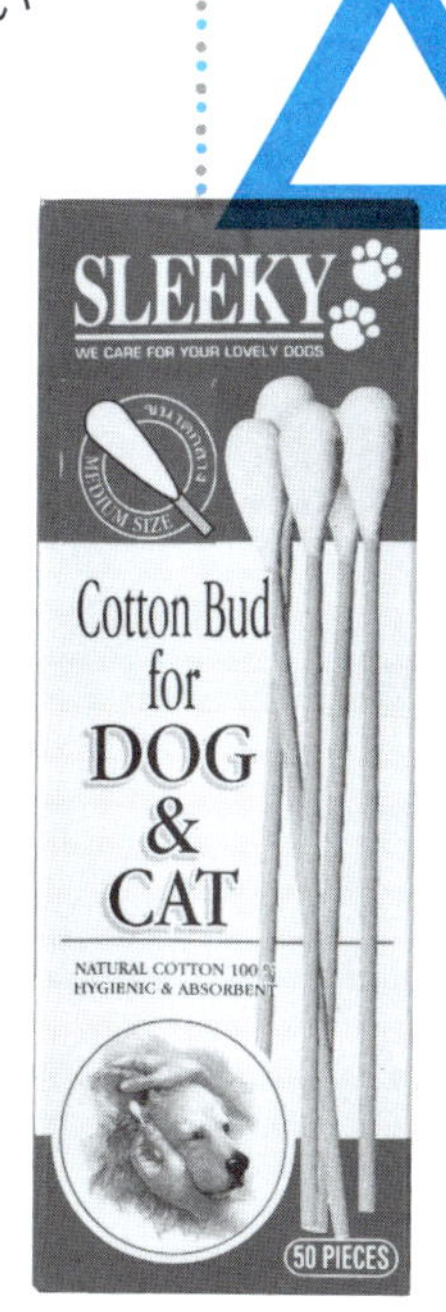

先が細いと皮膚に傷をつけやすくなるという発想から、綿球が大きめに設計された綿棒。柄(え)の部分も長く、手入れがしやすい構造です。耳の中が大きくて深い大型犬の場合は、作業がはかどるでしょう。小型犬であれば、人間用の一般的な綿棒で十分です。

犬の耳そうじは、やりすぎると炎症をひき起こすおそれがあるので、さっとひと拭きが基本です。

廣田工具製作所

すこやかネイルトリマーzan

長く愛用されるニッパーつめきり

老舗の工具メーカーが作る切れ味のいい高性能なペット用爪切り。カシメ部裏面にヤスリがついていて、持ち替えずにかけられます。面積は大きくないのでオマケ機能と考えましょう。爪切りには、ギロチン式とニッパー式があります。比較的ねらいをつけやすく、細かく作業できるのはニッパー式ですが、視界のよさではギロチンが優ります。

原産国／日本

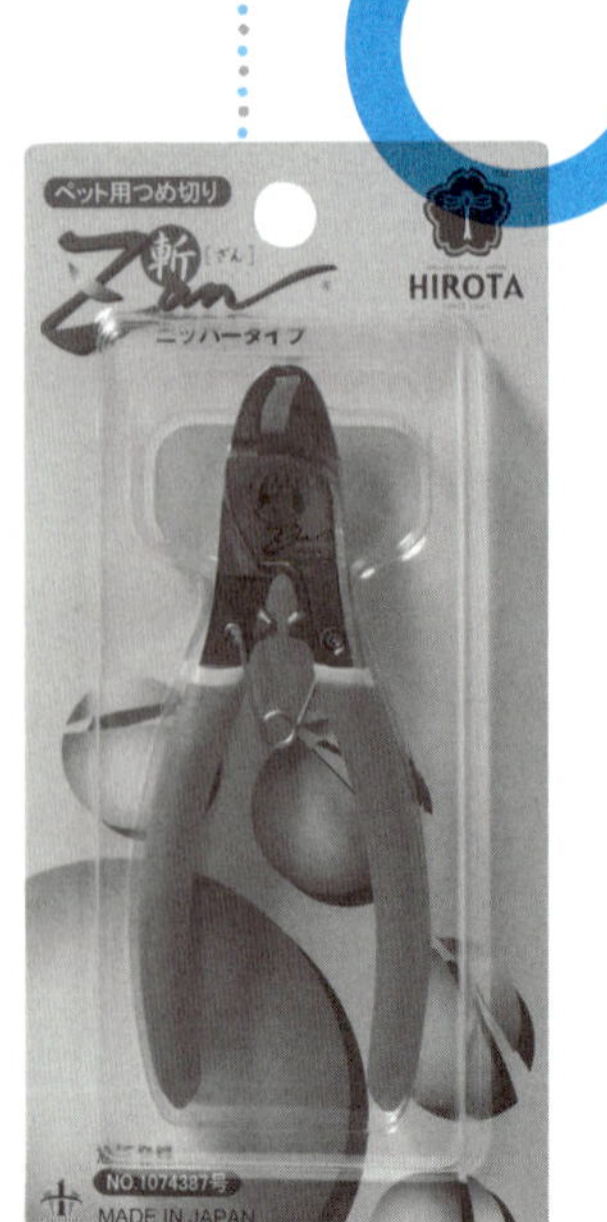

ギムボーン

クイック・ストップ

つめきりのお助けアイテムは必要？

△

　深づめして血が出てしまったときの止血剤です。深づめを繰り返すと犬が爪切りを嫌がるようになってしまうため、失敗が多い場合、無理せずに動物病院などに依頼しましょう。

　黄色い粉が入っていて、出血している面に擦り込むことで組織を化学的に焼いて止血します。痛いので犬が暴れる場合もあります。

　湿気に弱いので、容器をジップロックなどに入れ完全密封保存することをお勧めします。

原産国／アメリカ

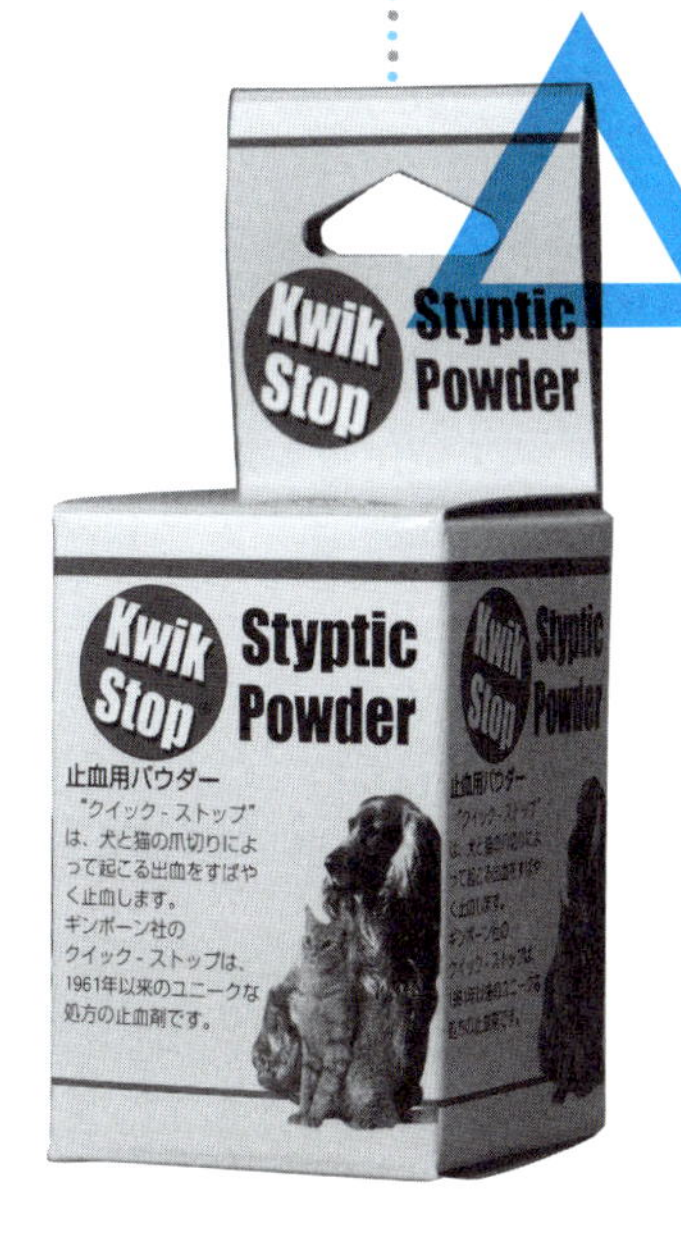

ライオン

クイック&リッチ トリートメントインシャンプー

皮膚が健康な犬向けの一般シャンプー

別途リンスが不要なトリートメント入りシャンプー。ローヤルゼリー配合で、毛づやと手ざわりのよさが実感できます。本商品に限らず市販のシャンプーの多くは、毛並みをきれいに見せる効果はありますが、皮膚の健康には留意していません。特に、皮膚のケアについて獣医から指示がなく、使ってみてかゆみや赤みなどの不具合が生じなければ、どんなシャンプーでも選べます。

原産国／日本

キリカン洋行

ノルバサンシャンプー○

動物病院用の皮膚殺菌シャンプー

殺菌剤が入っている、動物病院仕様の薬用シャンプーで、トリミングサロンでも常備される古株の製品。コンディショナー入りでふんわりした仕上がり、消臭効果をうたっていますが、本来は皮膚の細菌を殺菌して皮膚炎を治療するためのものです。低刺激なので、健康な犬の皮膚の健康維持やトラブル予防のために使用しても問題ありませんが、使い方などは獣医師の指導を受けてください。

原産国／アメリカ

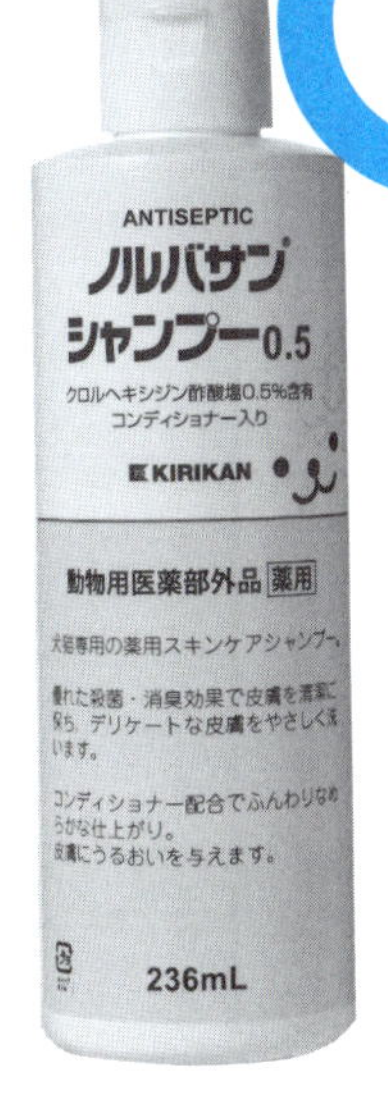

A.P.D.C.

ティーツリーシャンプー

ナチュラルでも肌に合わない場合がある

消臭・消炎効果のあるティーツリーをはじめとする、植物成分と海藻保湿成分を配合したシャンプー。上質なしあがりと、エッセンシャルオイルのさわやかな香りが人気です。

良質な商品ですが、天然成分だから肌に安全という確証はありません。天然でもその犬と相性が悪い成分があると、肌に合わずに皮膚炎をひき起こす場合も。ポリシーよりも、犬にとっての使用感を重視しましょう。

原産国／オーストラリア

ライオン

水のいらないリンスインシャンプー 愛犬用

△

薬剤残留の可能性が残る

泡をつけて拭くことで汚れやにおいを取る、水のいらない泡シャンプー。外出先でちょっと汚れケアをしたいとき、ケガや病気、高齢でシャンプーできない犬、シャンプーぎらいで家では体を洗えない場合などのお役立ちアイテムとして便利です。

残留する成分は無害ですが、犬によっては舐めてお腹を壊すことがあります。使い始めは使用後の異変に注意してください。

原産国／日本

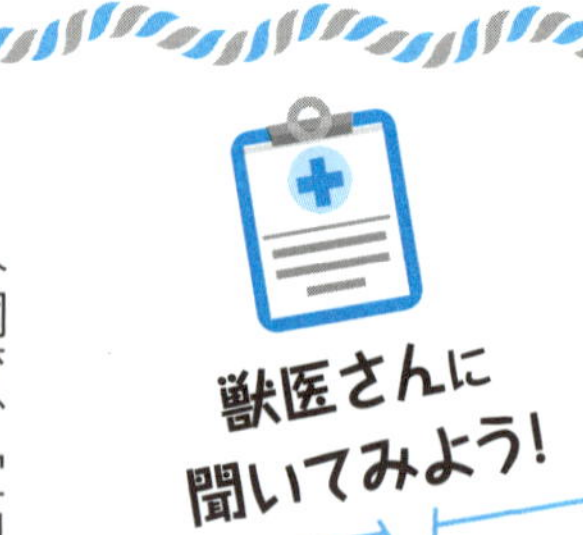

月2回のシャンプー習慣

手順を覚えれば、シャンプーは難しくはありません。シャンプーで、皮膚と被毛を清潔に保ちましょう。

外飼育、室内飼育に関係なく、体を衛生に保つためにも、月に2回ほどシャンプーを行なってください。毎日洗ったほうが、清潔に思われるかもしれません。でも、洗いすぎると被毛を汚れから守る役割をしている脂が落ちてしまうので、くれぐれも洗いすぎないように気をつけましょう。

被毛をコーティングしている脂には寿命があり、そのままにしておくと酸化して被毛が傷んでしまいます。においと汚れのもとになるのは、脂の酸化。酸化がはじまる前にシャンプーして、きれいな脂で被毛をコーティングするようにしましょう。

シャンプー剤にはさまざまな種類があるので、用途や原材料などをよく見たうえで納得いくものを選んでください。どれにするか迷ったときは、ペットショップの販売員かトリマーに相談するとアドバイスがもらえます。

指の腹で優しく洗おう

シャンプー前にはブラッシングをして汚れと死毛（抜け毛やもうすぐ抜ける古い毛）を落とし、次に犬の体をぬらします。体にかけたお湯（水温は、35〜38度）は、被毛をコーティングしている脂ではじかれてしまいます。シャワーヘッドを体に軽く押し当てて、被毛の内側にお湯が浸透するようにしてください。こうすることで、シャンプー剤の泡立ちがよくなります。

シャンプーは、前後の脚、お尻、おなか、背中、顔の順で洗います。体は指の腹を使って軽くもみこむような感じで、顔はスポンジにシャンプー剤を含ませて洗うと鼻や耳にシャンプー剤が入るのを防げます。被毛にシャンプー剤が残ると皮膚トラブルの原因となるので、くれぐれも注意して洗い流すようにしてください。

シャンプー後のタオルドライはやさしく行ない、ドライヤーは犬の体から30センチほど離し、手早くしましょう。逆毛にブラッシングしながら毛の間に空気を入れるように乾かすと、ふんわりしあがります。

シャンプー前に、
しっかりブラッシング
してね！

アース・ペット

ダニとノミとりリンスインシャンプー

△

シャンプーではノミの完全駆除はムリ

犬の体にやさしい殺虫成分、フェノトリン入りです。ノミ・ダニから守ってくれる作用がありますが、そもそもシャンプーの場合、濃度に限界があるのでノミやダニを一撃で全滅とはいかず、シャンプー後にノミがまだ動いていたという話もよく聞きます。

動物病院で、予防薬や駆除薬を処方してもらうほうが確実でしょう。

原産国／日本

アース・ペット

アミノリンスイン シャンプータオル

小型犬用

△

便利だが、においが強すぎる

時間がないときなど、シャンプーがわりに使えますが、毛が薄いところを強く拭くと皮膚炎を起こします。さっと拭く程度にとどめましょう。表面の埃を落とす以上の効果はありません。成分は舐めても安心なもので、かつノンアルコール。ただ、ハーブの香りが強く犬によっては嫌がるかもしれません。

原産国／日本

ドギーマン
ミラクル吸水タオル Vフィット

△

ペット用のタオルは必要なし

タオルは、ペット用をうたう高額品をわざわざ買うメリットがありません。バスローブ型の製品は、着せて放置し水気を吸わせるのに便利ですが、四角いタオルであれば人間用で十分です。動物の皮膚は摩擦に弱いため、毛の表層をなでるだけにすること。地肌をマイクロファイバーで拭くのはNG。押し当てて水気を吸わせ、湿ったタオルはどんどん取り換えていきましょう。

原産国／中国

岡野製作所

ノミとり櫛

細かい目でノミをかき出す

ノミとりぐしとして、長く愛用され続けている定番アイテムです。全身をコーミング（くしを入れること）しながら、ノミをかき出します。ただし手による駆除でノミをすべて取ることは不可能。必ず動物病院でノミ駆除薬をもらってください。ノミは潰さず、セロハンテープなどに封入して捨てるか、薄く溶いたシャンプー液の桶に沈めましょう。使用後はよく洗い、水気を取り、乾かしてください。

原産国／日本

岡野製作所

高級猪毛ブラシ

△

使えるのは仕上げに凝りたいときのみ

毛皮の表面をブラッシングしてツヤを出すために使います。地肌に近いところの抜け毛除去や、からんだ長毛をほぐす用途では使いません。健康のためのお手入れブラッシングがちゃんとできていて、そのうえで仕上げに凝りたい人は使ってもいいでしょう。

ブラッシングの際は、地肌をひっかかないよう犬の毛皮の厚さに応じて、手加減する必要があります。

原産国／中国

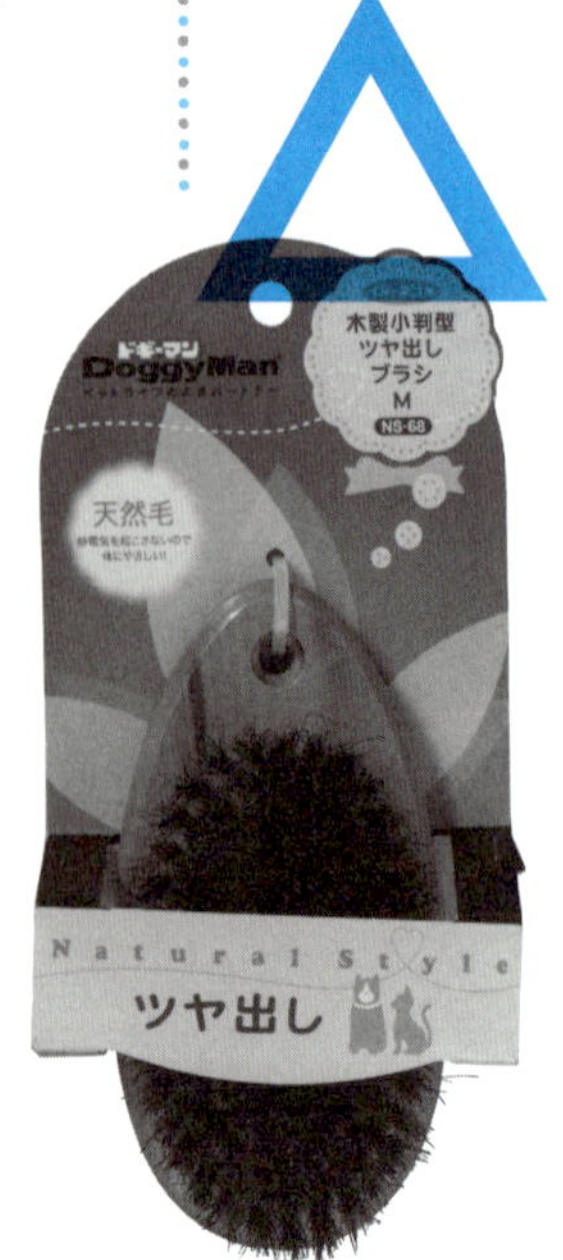

ライトハウス

ファーミネーター

△

アンダーコートまでゴソッと除去

　アンダーコートからごっそり取れると一時評判が高まった、抜け毛対策に便利なツール。多量の抜け毛で困っている家庭では、とくに換毛期はありがたい存在かもしれません。

　ただし、まだ死んでいない毛まで歯にひっかけて傷つけたり抜いたりしてしまい、毛づやに悪い影響がありそう。繊細な毛質の犬には不向きでしょう。また強く当てすぎると、地肌まで傷つけてしまうおそれも。

原産国／中国

アース・ペット

JOYPET
天然成分消臭剤 ペットのカラダのニオイ専用

△

成分には問題ないけれど…

消臭だけでなく殺菌作用もある消臭剤です。ペットの体に直接スプレーして使用します。消臭成分は緑茶から抽出した天然由来で、殺菌効果のグルコン酸クロルヘキシジンは薬用シャンプーで使われるもので、成分に問題はありません。ただ、全身のケモノ臭を消すことはできないでしょう。異常な匂いなのであれば、動物病院に行ってください。

原産国／日本

ライオン

ペットキレイ 除菌できるふきとりフォーム

除菌効果は期待できず

手に塗ってみるとあまりスーっとせず、エタノール濃度は30%程度でしょう。濃度が低いため「除菌」は期待薄。アルコールは皮脂を奪い取るので何度も拭くのには向きません。保湿成分は効いているようです。皮膚に傷がない犬で、ちょっとした汚れを拭くときは使ってもよいでしょう。散歩から戻ったら、ティッシュに吹きつけ、足の裏をさっと一拭きするような用途が向いています。

原産国／日本

アース・ペット

JOYPET ウェットティッシュ手足・お尻用

こすらずに使うなら…

なめても安心な成分を配合した、弱酸性で肌に優しいウエットティッシュ。耐水性の合成繊維でできており、目が粗く、人の感覚でこすると犬の皮膚を傷つけます。指の股まで汚れを落としたい場合は、シャワーで流し洗いをしましょう。おしりも、ポンポンとはたくように拭く程度にしましょう。体の汚れを落とすというよりは、浮いている汚れをつまみ取る使い方がよいでしょう。

原産国／日本

尾山製材

みつろうクリーム

愛犬の肉球ケア用

△

肉球がしっとりプニョプニョ

犬にとって、靴でもあり靴下でもある肉球。その肉球を保湿するこの商品は、質感のよいみつろうワックスをベースにしています。

角質がぶ厚くなったゴワゴワの肉球には、保湿と柔軟さをもたらす効果を期待できます。しかし、すべり止めの効果はほとんどありません。フローリングでのすべり止め効果をねらうなら、フローリングをマット敷きにするなど、床の素材を改善しましょう。

原産国／日本

アース・ペット

薬用アースノミ・マダニとり&蚊よけ首輪

蚊よけもノミ駆除も期待できない?

ノミ、ダニ、蚊を寄せつけない薬用効果をうたった首輪です。効果が6カ月間持続されると商品説明にはありますが、効果は首周り限定。下半身にノミが残り、来院するペットが多いです。首輪式の虫除けは昔からあるため購入する人が多いですが、効果が期待できないばかりか皮膚に炎症を起こすことも。全身に効く動物病院の駆除剤を使ってください。

原産国／日本

ケーワン

ペットフレックス

○

優れた犬用粘着包帯

重ねて巻くだけでくっつく、ストレッチ素材の犬用粘着包帯。脱着がかんたんで、犬が多少動いてもずれにくいです。医療現場では重宝されています。

ただ、年月が経つほど粘着力が弱まり、いざというときにくっつかないことも。廉価品では粘着力が弱いものがあります。必要なときに薬局で買うか、動物病院から出されるものを使ってください。

原産国／アメリカ

プラッツ

ビターアップルスプレー

△

結局は慣れてしまう場合が多い

犬が嫌がって口にしたがらなくなる、リンゴの皮から抽出した成分が含まれた噛みぐせの矯正スプレーです。噛んでほしくない家具や電気コードに吹きかけると効果を得られるようですが、まったく平気な犬もいます。

また、こうした五感に訴える忌避（きひ）剤は、最初は効果があっても、だんだんと慣れてくるもの。矯正には、やはりトレーニングです。

原産国／アメリカ

クリーンワン

ダブルストップ レギュラーサイズ

尿もれもにおいもストップ

トイレシートの吸水力や消臭力の差は、トイレ環境を左右します。この商品は吸水力・消臭力ともに優れ、コストパフォーマンスも遜色ありません。ただ、常に人が近くにいる環境なら、廉価品を使って用を足すたび取りかえる方がいいです。いくら高性能品でも匂いは消せません。また、踏むと足の裏に多少の尿が付きます。

原産国／日本

ユニ・チャームペット
デオシート 消臭フレグランス
フローラルシャボンの香り レギュラー

△

臭いを嫌がるなら無香料に

廉価品ではないユニ・チャームの標準性能品です。消臭・芳香機能を加えてありますが、犬が臭いを拒絶する場合は、無臭のものに変える必要があります。排泄物の色や臭いは病気や体調の変化を知るうえで重要です。なるべく素のままの状態で飼い主がチェックするには、白色で無香料のシートが理想です。

原産国／日本

MaruPet

サニタリーパンツサスペンダー付き

小型犬　ピンクS

腰に巻くとずり落ちる犬に

生地は非常に緻密で、摩擦が少ないでしょう。ゴムの交差部についているクマは安全ピンで固定されています。肩のひっかかり具合によっては、交差部を頭側に移動するなどの改造をしましょう。脱げ落ちない構造なので、着脱はワンタッチでできません。腰に巻くだけのパンツではずり落ちてしまう犬向きです。

原産国／中国

愛犬生活へのアドバイス

室内と外のどちらも トイレはペットシーツへ

トイレは室内と外のどちらか一方とは決めずに、どちらでもできるようにしつけておくのがよいでしょう。

室内でもトイレができると、天候が悪いときにわざわざ犬を外に連れ出さなくてもよくなります。これにより、飼い主だけでなく、雨や雪が苦手な犬にとっても、負担が軽くなるというわけです。

トイレをさせる場合、室内ではペットシーツを敷いてその上に、外では地面にそのまま、というのがほとんどではないでしょうか。

排泄物は犬の健康状態を知る大事な情報源です。室内と外のどちらでも、ペットシーツの上にトイレをするようにしつけて、体調の変化にできるだけ早く気づけるようにしましょう。

医療・サービス

動物病院や、旅行時などに利用するペットホテル、さらに災害・緊急時のために用意すべきグッズを紹介します。

知識、技術、情報をもっている ○

基本的に「人間の病院と同じ」と考えれば、まず先生に「何でも相談できること」が、よい病院の第一条件です。次に、最新の知識とある程度の技術をもっていること。そして、必要ならよりよい病院を紹介してくれるといった「情報」をシェアしてくれること。

口コミも重要ですが、実際に診察を受けてみて、説明がていねいであり、選択肢をきちんと示してくれるなら安心して任せられるでしょう。

飼い主を見ていない ✕

先生が治療法を独断で決めてしまい、疑問を受けつけない。また説明があいまいだったり、料金を明示しないなどの問題があれば、その病院には安心して命を預けるわけにはいきません。

なお「建物が立派」「患者が多い」など見た目の印象は、あまり参考にはなりません。もう一歩踏み込んで「院内が清潔かどうか」「一件一件の診察に時間をかけているか」といった内実のほうが重要です。

通うのが困難なほど遠方にある ×

「緊急時や困ったときにまず駆けつける」。これがかかりつけ医やホームドクターの役割です。一分一秒を争うときに、動物病院へ行くのに時間がかかっては意味がありません。

ある動物病院が、たとえ名医で設備が整っているとしても、遠方にまで駆けつけるのはおすすめできません。たとえば週に1回通うとして、通院に無理のない距離かどうか、移動手段は確保されているかどうかを確認してください。

院内が清潔で整頓されている

動物病院は、犬だけでなくいろいろな病気をもった動物が来る場所なので、とくに注意が払われているべきです。院内感染にはとくに注意が払われているべきです。そのため、そうじや消毒は徹底的になされていなくてはなりません。また病院内だけでなく、玄関や駐車場などの周辺も配慮されていなければなりません。

また院内の清潔さや整頓されているかどうかは、いわゆる「顧客目線」をもっているかどうかを測る指標にもなります。

熱意はあるが、腕を過信している

△

ＮＧとは言えないまでも、要注意の病院は少なくありません。その典型が「医師が自分の腕を過信している」場合です。街の動物病院ではあらゆる症例を診るわけですが、当然、専門外の高度な治療が必要になる場合もあります。そんなとき、きちんと説明したうえで適切な病院を紹介してくれることが大事です。

患者を囲い込むような気配を感じたら、それ以上の通院は考え直したほうがいいでしょう。

愛犬生活へのアドバイス

様子がおかしいと思ったら体温測定を

犬の体温は、38・5〜39・5度が平熱とされています。体温の変化に気づかず、体調が悪いまま放っておくと、大変なことにもなりかねません。ではここで、犬の体温測定のやり方をご紹介します。

体温計を肛門に2〜3㎝ほど差し込んで測定するか、専用の耳温計で耳の奥の温度を測定します。人間用の体温計をカバーして使用してもよいですが、その子専用であれば先端にハンドクリームを塗って挿入し、使用後にウエットティッシュで拭くだけでもいいです。

犬の場合、熱中症にならない程度の運動でも一時的に40度を超えることがあります。水を飲んで涼しい環境でクールダウンして元気がある場合は大丈夫です。

体温が下がっているときは間違いなく命に関わる不調があります。様子がおかしく、38度を下回っていたらすぐに動物病院で診察を受けさせてください。日ごろから体温測定を時々行ない、平熱を把握しておきましょう。

ホテル内が清潔に保たれている○

たくさんの犬が頻繁に出入りするペットホテル。当然、感染症の予防には最大限の注意を払わなければなりません。受付だけではなく、寝場所となるケージやサークル、個室など、実際に見て確認しましょう。

逆に、自分の飼い犬を不潔な状態のまま預けてしまうこともマナー違反。ブラッシングをして、ノミなどがいないか、最低限のチェックをしておきましょう。

スタッフが話を聞いてくれない

飼い主にかわり、全面的に面倒を見てくれるスタッフ。だからこそマニュアル対応ではなく、一頭一頭ていねいに向き合う姿勢が求められます。犬の性格や普段の暮らしぶり、食事内容、散歩のさせ方、そのほかの注意事項について、情報を共有しましょう。

預ける側もお任せではなく、気になることは漏らさず伝えておくこと。おたがいの意思の疎通が、アクシデントを未然に防ぎます。

ほかの宿泊犬と遊ばせる機会がある

△

　年末年始や夏休みなどの繁忙期はとくに、ほかの犬といっしょに散歩する場合もあります。また、ドッグランやフリーエリアが設けてある施設では、ほかの犬たちといっしょに遊ばせる場合、ホテルがどのような方針なのか、事前に確認しましょう。

　なお、ほかの犬のにおいがついたからといって、帰宅後にすぐにシャンプーしたりはせず、しばらくはなるべく安静に。

緊急時の対応について説明がない

急な環境の変化についていけず、預けている間に体調を崩すことも少なくありません。そのような緊急時にどのような対応をしてくれるのか、事前に確認しておきましょう。

持病がある場合は伝え、普段使っている療法食などを渡しましょう。動物病院に併設されているホテルなら、緊急時対応は安心です。ペットショップや専門のホテルの場合は、提携の動物病院を確認してください。

動物取扱業の登録証が掲示されていない ✕

　ペットホテルには、自治体より動物取扱業の登録と動物取扱責任者の配置が義務づけられており、通常はその登録証が掲示されています。

　そのほか、料金表の明示や見積もりはあるか、契約書を交わすかなど、業者の信頼性を見きわめるポイントはいくつかあります。料金でいうと、通常の宿泊料金のほかに、超過料金やオプション料金などが発生する場合もありますので、事前によく確認を。

ペットグラフィックプロダクト

迷子札ステンレス

取れにくいリングだけはOK

現在は新規に飼育を開始した犬や猫にはマイクロチップの挿入が義務づけられています。すでに飼われている犬や猫については、努力義務ですが、なるべくやってあげましょう。

この商品の小さいリングは、強く引っ張ってもかなりの強度です。ただし、万全を期すためには首輪に直接縫いつけるような形状が望ましいです。

※本商品は、レーザー刻印で名前が入ります。

日本防災協会

石頭くん わんこ

△

非常時に使えるかどうかは微妙

災害時に、犬も人間と同じように防災グッズで守りたいという気持ちはよくわかります。でも、実際に避難しているときに、パニック状態の犬にずきんをかぶせるのはかんたんなことではありません。

それよりも避難ルートの確認など、災害時に取るべき行動についてシミュレーションしておくことのほうが大事。災害時は、いかに犬を落ち着かせるかがポイントとなります。

トコトコ

ペット防災グッズ用品セット

自分で買い集めたほうがまし

犬猫両用をうたって適当に集めた感があり、どちらにも特化できていません。トイレ箱以外の単品のクオリティは低く、すべて100均一レベルです。災害時のペット用品リストなどを自分で調べて、それに合わせて買い集めたほうがよいでしょう。住んでいる自治体の災害対策がどうなっているのか、何を用意しておけばいいのかも調べておきましょう。

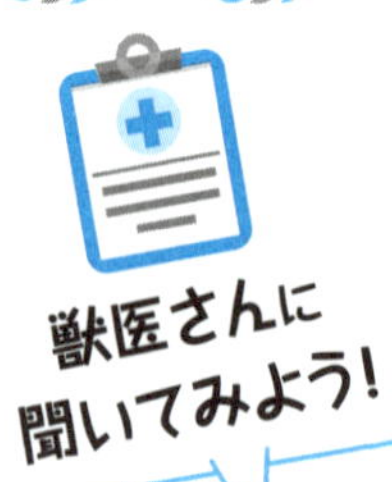

じょうずな薬の飲ませ方

薬にはさまざまな種類があり、飲ませ方もそれぞれ違います。薬の形状ごとのじょうずな飲ませ方をお教えします。

犬の薬は、錠剤、粉末、チュアブル錠、滴下薬、シロップなど、さまざまな形状をしています。同じ病気を治療するための薬でも、病院によって取りあつかっている薬の種類が違うこともあります。処方してもらう薬の種類については、獣医師と相談するのがよいでしょう。

すべての犬が薬を飲むのがうまければよいですが、実際はそのような犬ばかりではありません。病気回復のためには、処方された薬は飲んでもらわないと困ります。しかし、薬（錠剤、粉末、液体状）は形状ごとに飲ませ方にコツがあり、意外と難しいものなのです。いざというときに困らないよう、スムーズに飲ませる方法を覚えておいてください。

◇錠剤の飲ませ方

その1　強制的に

①利き手とは逆の手の親指と中指を犬歯の後

ろに置いて上あごを開け、利き手で下あごを軽く開ける②舌の奥に錠剤を置く③口を閉じさせて上向きにし、もう片方の手でのどをさすり、薬を飲みやすくする

その２　食べ物を使って

犬が好きな食べ物に錠剤を包み込む、もしくは雑炊やとろみのあるスープ、人間の子ども用に開発された飲薬用ゼリーに錠剤を入れて食べさせるのもよい。

◇粉末

粉薬は、ウエットフード、セミモイストフードに混ぜると食べやすいです。薬に少量の水を入れて練り、それを上あごや舌の裏側に塗りつけるか、少し多めの水で溶いた粉薬を飲ませる方法もあります。

また、水分を多く含んでいる薬（水で溶いた薬、シロップ薬）の場合は、スポイトや針のない注射器に適量を入れます。犬の口を上向きにして、口びるのはしから少しずつ飲ませていきましょう。

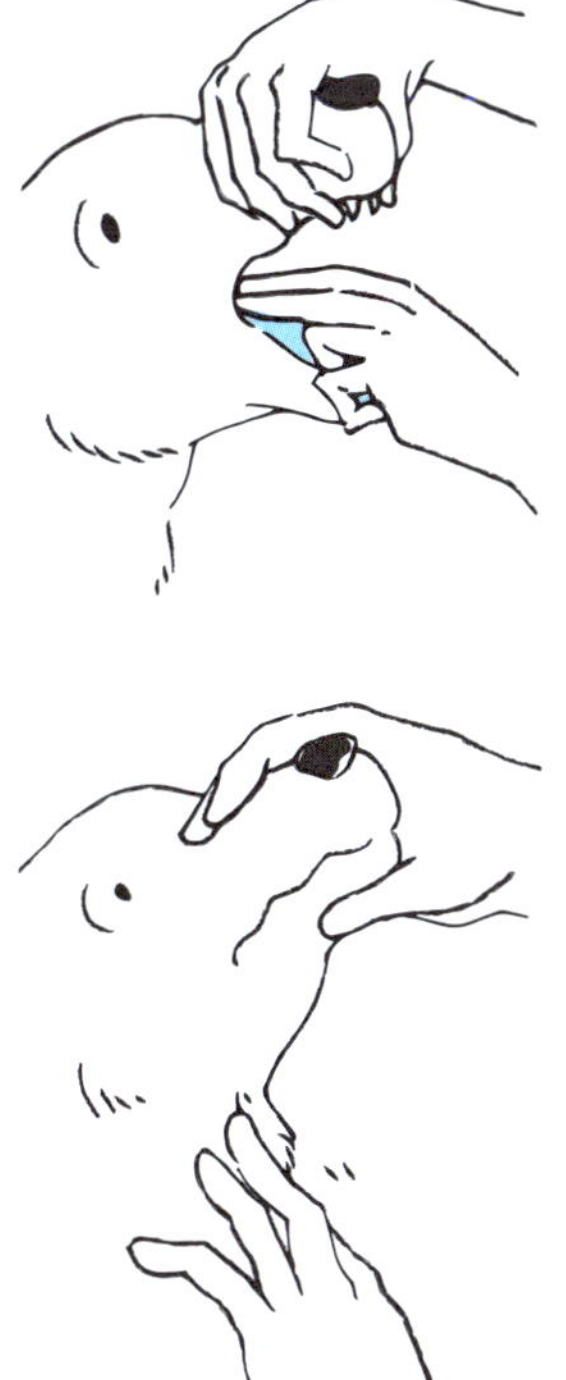

編集・構成・DTP　造事務所
文　マルヤマミエコ
本文デザイン　吉永昌生
本文写真　齋藤大輔
本文イラスト　佐藤真理子

※本書は、2016年4月に刊行された『犬にいいものわるいもの』の改訂新版です。

新装版
犬にいいもの わるいもの

2019年10月1日　第1刷発行

監修　臼杵 新
編著　造事務所
発行者　塩見正孝
発行所　株式会社三才ブックス
東京都千代田区神田須田町2-6-5 OS'85ビル
〒101-0041
電話03-3255-7995
http://www.sansaibooks.co.jp
印刷・製本　株式会社光邦
表紙・カバーデザイン　細工場
表紙・カバーイラスト　かわにしひでき